庭院改造的300个

[日] 小泽明 著 / 尚游 译

长江出版传媒 湖北科学技术出版社

图书在版编目（CIP）数据

庭院改造的 300 个创意 /（日）小泽明著；尚游译 .—武汉：湖北科学技术出版社，2024. 2

ISBN 978-7-5706-2640-3

Ⅰ . ①庭…　Ⅱ . ①小…　②尚…　Ⅲ . ①庭院—园林设计　Ⅳ . ① TU986. 2

中国国家版本馆 CIP 数据核字（2023）第 118792 号

庭院改造的 300 个创意
TINGYUAN GAIZAO DE 300 GE CHUANGYI

责任编辑：张丽婷
责任校对：王　璐　　　　封面设计：曾雅明

出版发行：湖北科学技术出版社
地　　址：武汉市雄楚大街 268 号（湖北出版文化城 B 座 13—14 层）
电　　话：027-87679468　　　　邮　　编：430070

印　　刷：武汉精一佳印刷有限公司　　　　邮　　编：430035

889×1194　　1/16　　8.75 印张　　200 千字
2024 年 2 月第 1 版　　2024 年 2 月第 1 次印刷
定　　价：58.00 元

（本书如有印装问题，可找本社市场部更换）

目　录

通过植物感受四季更迭

花园里可以纵情享受四季变化——春季，繁花盛开；夏季，树荫遮蔽阳光；秋季，红叶裹满枝头；冬季，为次年开花积蓄力量。在植物的季相变化中体会季节流转，享受园艺之趣。

创意1 种植不同类型的树木

种植落叶树时，可以将色泽略带差异的红叶品种搭配种植，让花园更具观赏性。前一页图中，后方是山枫，前方是野村红枫，下方是鸡爪槭。要注意搭配红叶期相同的树木。

创意2 落叶树带来季节流转

最能明显感受四季变化的时期一定是秋季—— 一个属于红叶的季节。红叶中最具代表性的就是枫树，即使是我们身边不起眼的杂木也能提供赏红叶的乐趣。右边两幅图中的是经常出现在日本庭院中的日本四照花，一株便足以展现四季的变化。此外，花楸、枫树、毛果槭也是不错的选择。

尚未到红叶期的日本四照花，此时正处于开花期。

日本四照花的红叶十分迷人。

创意3 能够越冬的三色堇、堇菜、白晶菊

当日本四照花盛开时，三色堇、堇菜、白晶菊等冬季开花植物也在盛开。以日本东京的气候为例，若10月将它们种下，花朵能在整个冬季持续绽放，直至次年5月为止。需经常施用化肥和杀虫剂。

前方是三色堇、堇菜、白晶菊。后方的粉色花树是日本四照花。

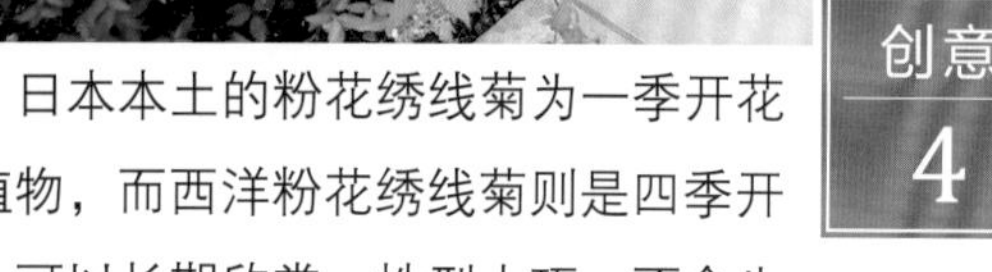

创意4 四季开花的粉花绣线菊

日本本土的粉花绣线菊为一季开花的植物，而西洋粉花绣线菊则是四季开花，可以长期欣赏。株型小巧，不会生长得过于细长。

创意 5 欣赏叶色的对比

鸡爪槭等植物拥有彩色树叶。左图中树叶的红绿对比颇有意趣，既可赏花又可赏红叶。

通过植物感受四季更迭

↑ 鸡爪槭。红与绿的鲜明对比。

↓ 深浅不一的红叶。

↑ 大盃鸡爪槭的花朵。

创意 6 常绿树、落叶树和草花的可爱搭配

可以在落叶树的根部种植一些常绿植物，以遮盖冬季的荒芜。地被植物可以与叶色多变的植物混栽，如木藜芦、芙蓉菊、紫叶绣线菊等，能让花园变得更加多彩。

庭院中常见的常绿树·落叶树·地被植物

常绿树	落叶树	地被植物
青木	梅树	溪荪
马醉木	野茉莉	山白竹
大花六道木	连香树	桔梗
青冈	榉树	吉祥草
油橄榄	枹栎	玉簪
丹桂	日本辛夷	荚果蕨
铁冬青	紫薇	蝴蝶花
黑松	深裂红枫	白芨
日本五针松	粉花绣线菊	桧叶金发藓
茶梅	白桦	东北堇菜
光蜡树	日本吊钟花	金钱蒲
常绿杜鹃	红山紫茎	草珊瑚
小叶青冈	羽扇槭	马蹄金
杉树	胡枝子	麦冬
苏铁	日本四照花	大吴风草
日本黄杨木	日本紫茎	木贼
日本柳杉	贴梗海棠	一叶兰
山茶	西南卫矛	箱根草
檵木	日本金缕梅	顶花板凳果
南天竹	三叶杜鹃	朱砂根
柊树	槭树	阔叶山麦冬
罗汉松	棣棠花	雪割草
厚皮香		龙胆

创意 7 植物颜色受环境影响

不同种类的树木，其红叶颜色也会有所差异。此外，植物易受环境影响，即使购入的时候是红叶，栽种到庭院后由于环境发生变化，也可能变成黄色。下图中左侧为日本四照花‘银河’，右侧为白桦。

植物就能让庭院焕然一新

创意 8 用常绿树让建筑角落焕然一新

种在建筑物角落或者墙边的植物能够改善视觉效果。在墙壁和栅栏等位置种上绿植，能让建筑物坚硬的质感变得柔和。不过，像日本紫茎这类植物会因墙壁折射的阳光而焦枯，最好种在离墙稍远的位置。

↑ 原本空荡荡的房屋转角。左侧是香气浓郁的含笑‘波特酒’。此外还有日本四照花、三裂树参、油橄榄、白桦、橡树、紫薇、具柄冬青。

↓ 在转角栽种了常绿树——白千层，并为其配备了夜间照明。

↓ 白千层。常绿树，不易受温度变化影响。初夏开白花，冬季叶片变红。

依据树木的特性与环境条件种植

栽种植物前，要像专业人士一样仔细斟酌各种因素——树木是否会越加高大、是落叶树还是常绿树、会不会结果、是否容易滋生害虫……所种植物必须与环境相适应。

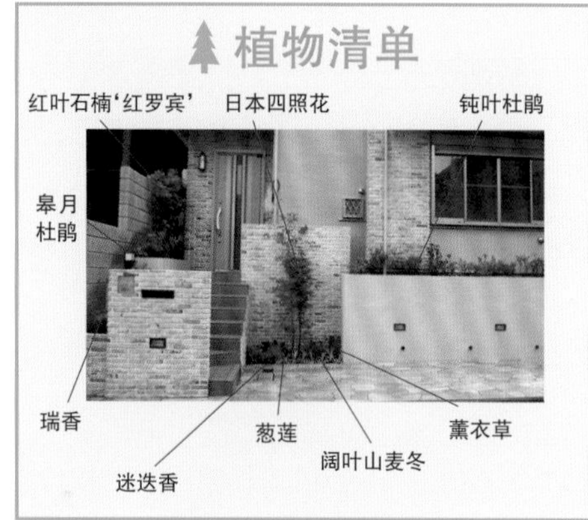

↑ 施工前没有植物的状态。

↓ 中间是落叶树——日本四照花（白色花果），下方是阔叶山麦冬、迷迭香、葱莲等。右侧墙壁上混栽了耐干旱的钝叶杜鹃。左侧上方是红叶石楠'红罗宾'的绿篱，前方是皋月杜鹃、瑞香等。

After

⬆ 刚栽种完之后的状态。

⬅ 栽种 3 年之后的状态。白木香和黄木香可以用来遮阴或保护隐私。

创意 10 植物的立体装饰效果

植物栽种 3 年过后，已经与藤架和栅栏合为一体，可以用来遮阴或者保护隐私，仿佛一个天然屏障。

创意 11 用植物改造建筑外观

栽种了植物的效果可以说是一目了然。尽量创造出栽培空间，增添更多绿意，是美化房屋的有效方式。下图中的屋主按照我们的建议，将针叶树‘金冠柏’栽种到花盆中，在花坛中种上了含笑‘波特酒’和迷迭香。

⬅ 左侧的盆栽是针叶树金冠柏。中间花坛的左边是迷迭香，右边是含笑‘波特酒’。

⬇ 施工前的状态。

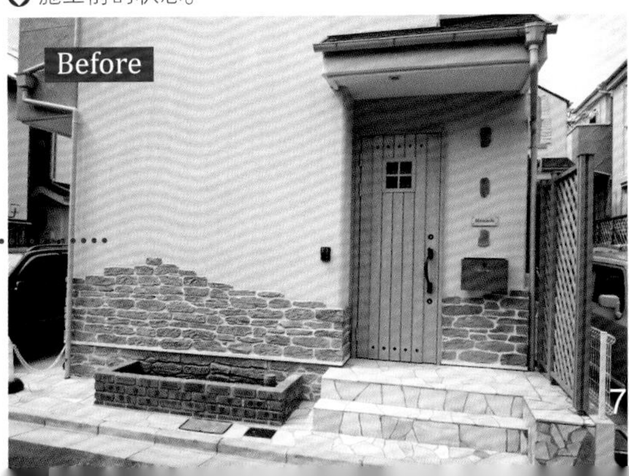

创意12 栽植方式能改变庭院印象

想让庭院从任何角度看起来都美如画卷，需要相当精心的设计。植物的布局方式可以让庭院看起来大不相同。从房间向外看去，树木就仿佛一幅动态图景。右侧左图中的窗景令人印象深刻。

窗景。图中为橘子树。

从厨房小门看到的景色。图中为日本紫茎

植物就能让庭院焕然一新

创意13 打造庭院之前先了解植物特性

在小庭院中，常因为植物的不合理布局而让空间显得逼仄。在了解乔木、灌木，常绿、落叶等植物特性后再着手种植吧。右侧图中，种植区域被明确划分开来，分别种上不同的植物，可以享受四季的季相变化。

明确划分种植区域的庭院。

藤蔓生长过长的庭院。

创意14 种植不同的植物防盗效果也不同

将落叶树和常绿树一起混合栽种。右侧图中的房子并未安装栅栏，而是在花坛中种上台湾十大功劳等树叶呈锯齿状的植物，既美观又能防盗。

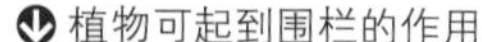

植物可起到围栏的作用。

用标志树增添华丽色彩

标志树是庭院的象征，也可以称为主景观树。以前庭院中的标志树多为松树，但最近树形轻盈的种类更受欢迎。综合考量树木特性和庭院风格，在门前或庭院中种上一棵心仪的树吧！

创意 15 选择特色鲜明的标志树

标志树的特点包括：

- 花朵迷人；
- 树叶秀丽；
- 可结果实；
- 红叶鲜艳；
- 树形、叶形、枝形皆优美。

例如：日本四照花、柑橘、花楸、贝利氏相思、紫叶绣线菊、日本小檗、白皮喜马拉雅桦、黄栌、山茱萸、红花檵木、刺槐、日本紫茎、梅树、油橄榄、斑锦植物等。

植物清单

前方为白梅，后方为日本四照花，左侧为油橄榄。

树木由左至右为枫树、红山紫茎、日本四照花。

创意 16 用四照花点缀景色

在起居室的前面种上一棵日本四照花，可以起到保护隐私的作用。四照花春季会盛开可爱的粉色花朵。与涂料类墙面、砖墙、木栅栏等欧式建筑非常适合。

创意 17 用红叶增添门前的雅趣

房屋正面有一棵枫树，属落叶树，品种为大盃鸡爪槭，其特点是新芽与落叶皆为红色。与米色的建筑外墙非常和谐。

创意18 尽量将标志树栽种在庭院中央

如果不打算对标志树做过多干预，任其自由生长的话，应尽量将其种在庭院中央。

建筑入口，进出十分方便。前景是一棵丛生状的日本四照花。

标志树疏花鹅耳枥，树干呈丛生状。

将易打理的日本冷杉作为标志树

日本冷杉生长速度慢且不易生害虫，是一种很好打理的树种，常用作圣诞树，不过近来日常种植冷杉的人也很多。

以标志树日本冷杉为起点延伸出来的栽种区域。

创意 21 将日式梅树种在欧式庭院中

庭院正中这棵十分显眼的梅树曾是旧庭院的标志树，在庭院翻新后将其原样保留了下来，摇身一变成了欧式庭院的标志树。这种大胆的转变并未带来违和感。

圆形铺装
将石块铺设成圆形图案。可以使用天然或人工石材，常用于露台和花坛。

创意 20 可作为圣诞树的米铁杉

和日本冷杉非常相似的米铁杉是这个庭院的标志树。它极为适合用作圣诞树，秋季能结出小巧可爱的果实。下图中是进行圣诞装饰后的样子。

创意 22 适合欧式庭院的四照花

为了搭配标志树四照花，庭院地面进行了圆形铺装，并在四周种植了高度较低、能覆盖地面的小型植物。此外还特意种植了许多草花。

植物清单

百里香
薰衣草
针叶天蓝绣球
阔叶风铃草
垂盆草
黄连花

西洋常绿杜鹃的下方种了薰衣草、凹脉鼠尾草、迷迭香、鼠尾草等等。

创意 23 存在感超强的西洋常绿杜鹃

庭院正中的树木是西洋常绿杜鹃。左侧图中的白色装饰品像是一口水井。笼罩在水井上方的枝干洒下一片树荫。盛放的红花与白色的石块形成了绝妙的对比，令人一见难忘。

创意 24 四照花和绿植打造的小花园

玄关前的小花园精致有趣。在高挑的标志树——四照花的根部附近栽种了低矮的花草。门前的影壁砌成阶梯造型增添了一丝趣味性。

植物清单

四照花

迷迭香

蜡菊　薰衣草　香雪球　侧柏

从左到右依次是枫树、北美香柏、黄金侧柏和四照花。

创意 25 白花的四照花极具特色

在起居室的前方有一棵开白花的高大四照花。简约的建筑，褐色的木质栅栏、枕木与深绿的针叶树，色调相得益彰。

影壁

代替庭院大门在入口处搭建的墙壁。可以遮挡外部视线，也可以在其上安装邮箱、门牌或对讲机。

枕木

铺设在铁轨下方的方木料，也常用作庭院建材。

创意 26 角落里的水榆花楸是玄关的象征

在庭院的角落里，有一面用于防风、遮挡视线的木栅栏，旁边伫立着一株水榆花楸（落叶树）。有些日式风情的树木与天然石板地面和木质围栏甚是般配。

用标志树增添华丽色彩

木质凉台
木头制成的平台。通常搭建在起居室外侧。

铺路石
为方便行走在园路和过道上铺装的石头。

种植在角落的水榆花楸是标志树。

从室内望去，粉花四照花的小花无比可爱。

创意 27 从凉台眺望标志树

四周的圆形石板让庭院看起来更加宽敞。旁边种有雪滴花和马鞭草，最前方为蓝莓。

从木质凉台可以看到庭院正中的粉花四照花。因其落叶树的属性，四季变化各有不同。从其根部向外延展开的圆形石板，在视觉上使庭院更加宽阔。

创意 28 白花四照花与绣球构成白色花园

将花朵为白色的日本四照花与绣球搭配在一起，花季到来时庭院便成了一个清丽的白色花园。高挑的日本四照花和低矮的绣球让建筑更富有魅力。

创意 29 乔木日本紫茎和灌木穗序蜡瓣花搭配

上图中为乔木日本紫茎和灌木穗序蜡瓣花，它们一同构成了用于隔开邻居家的标志树。如果栽种常绿树的话，会让邻居家光线十分昏暗。考虑到这一点，选用落叶树日本紫茎既不过分遮挡对方光线，又起到保护隐私的作用。

创意 30 多干型的日本四照花

玄关前的花坛中栽种了多干型的日本四照花。比起单干型树木，它的姿态更舒展。其根部种有雪滴花、葱莲、酢浆草等花草。

创意 31 点亮标志树

在标志树四照花上装饰上彩灯，享受夜间花园的乐趣。

创意 32 用紫薇提亮色调

玄关前的这棵标志树是紫薇，夏季绽放的粉色花朵让庭院色调更加艳丽。花期长，很适合种在玄关前迎来送往。

一年生草本植物
播种之后，在一年内完成发芽、生长、开花、结果、枯死这一过程的植物。

创意 33 用标志树和草花点缀玄关

玄关前用砖块砌成的花坛中有一棵日本冷杉，下方种了许多草花和地被植物，共同构成了一个很有趣的前庭小花园。

← 十分引人注目的标志树是日本冷杉。树底下是侧柏、皋月杜鹃、台湾十大功劳和齿叶冬青。

→ 用枕木和陶器为庭院增添一些变化。图中的草花包括一年生草本植物赛亚麻、蜡菊、小百日草等。

多彩花卉装点四季花坛

想为庭院增添华丽色彩，花坛是极为合适的选择。与砖瓦和石块等天然资材搭配起来，能巧妙打造出一个田园风花园。

创意 34

华丽的圆形花坛能增强空间感

下图中的圆形花坛，能使庭院空间看起来更宽阔。花坛中心可以种植标志树或者地被植物，利用方式多种多样。

⬆ 用仿天然石料制成的环形石板，按顺序铺设即可。

⬆ 可以随意地空出几块石板种上绿植，给花坛制造一些富有新意的变化。

植物清单

⬇ 圆形花坛中心为橄榄树，四周点缀着低矮的草花。

植物清单

刀叶相思
小百日草
鞘蕊花
橄榄
蓝花鼠尾草
五星花
长春花
麦冬
赛亚麻
银叶菊

After

改造前的庭院。

用砖块围出一片花坛

用两层旧砖块就能砌出一个简单的花坛，它们构成了草坪与植物的边界。砖块与草坪色调和谐，还能衬托出花朵的柔美。

植物清单

创意 36 高低错落的立体布局

↑ 低矮的砖块花坛中放着两个花器，其中栽种着金鱼草和石南香。较高大的树木是日本黄杨木和枫树。左侧后方的茼麻攀附在塔形花架之上。

在单调的花坛中摆放一些有高度的花器，其中种上高挑的植物或是垂吊植物，或者选用塔形花架或格子屏风等物品，为花坛增添变化的乐趣。

1m 高的花坛，打理起来非常方便。

创意 37

抬高式花坛与混栽树篱

花坛通常高 20~30cm，赏花或者打理的时候总需要弯腰低头，十分不便。因此，不妨将花坛改成 1m 左右的高度，让花朵位于与视线平行的高度，便于观赏，日常打理也更方便。另外，将多种植物混栽，既使空间显得宽阔，又能有效地吸引目光。当然，也可以在花坛下方栽种其他植物。比如左图中的场景就种植了一棵高挑的小树，错落的高度使花坛更加有趣味性。

植物清单

混栽树篱
将落叶树和常绿树混合栽种的树篱，能同时欣赏嫩芽和落叶。

创意 38

用手工砖块错落搭建花坛

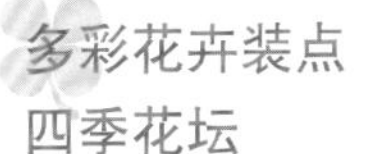

多彩花卉装点四季花坛

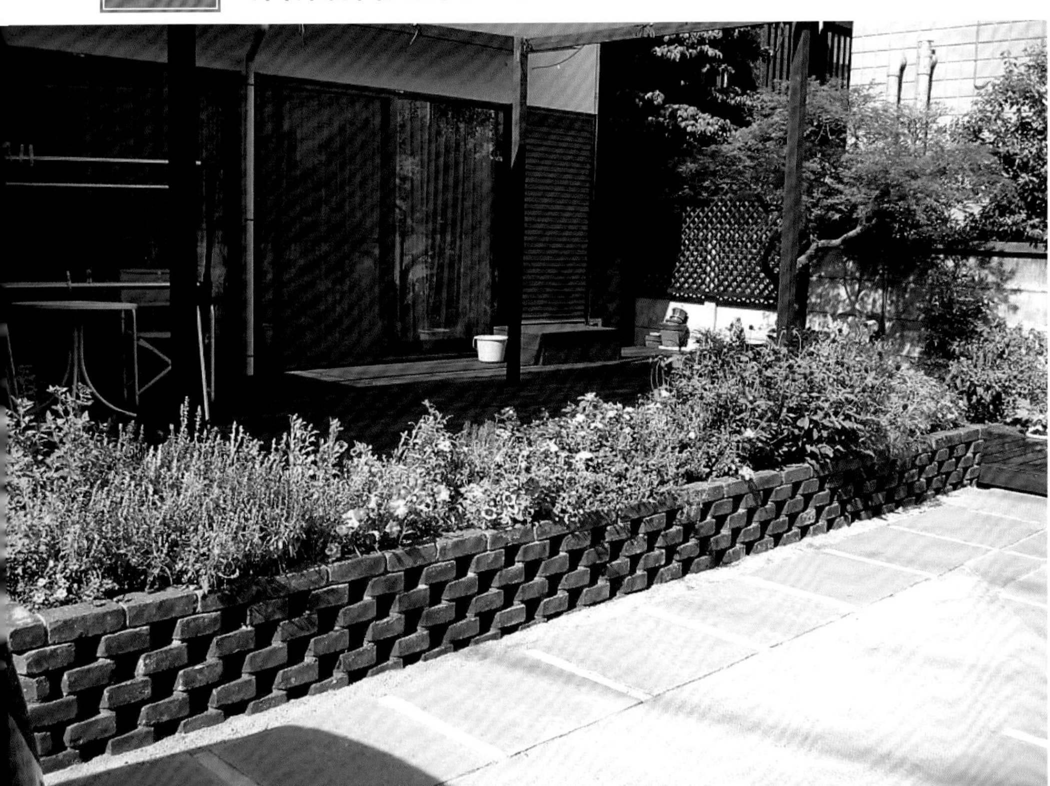

园主在改造庭院时在木质凉台和庭院的边界处砌了一个花坛，以便全年都能欣赏花草。将手工砖块错落堆叠起来，搭建成一个有空隙的可爱花坛。

植物清单

手工砖块，由普通砖块切去边角制成。

↑ 花园舞台，是庭院中的注目焦点。

↓ 后侧为壁挂水池。白色的水池和装饰雕塑等全部为意大利制造。

创意 39 壁挂式水池为庭院增添灵动感

白色栅栏为两户之间的分界挡板，为了隐藏栅栏同时美化庭院，在前方建了一个左右对称的红砖花坛和砖墙，墙壁上镶嵌着装饰水池。建材选用了复古旧砖，曲线与空缺设计使砖墙更柔和。左右两侧为花坛和矮柱，其上摆放着欧式装饰雕塑。水池中流淌的水声让氛围更加舒缓松弛。

植物清单

百子莲

小冠薰

西洋常绿杜鹃

三色堇

庭荠

壁挂式水池
安装在墙上的水池。

复古旧砖
指曾被使用过的砖块，有缺损和变色情况，因其复古的色调而受到喜爱。

↓ 壁挂式水池的左右两侧为花坛与装饰雕塑。

创意40 用金钱薄荷装点花坛边缘

花坛中的金钱薄荷探出边来，这正是田园风格所追求的自然感。花坛中间的植物为三色堇。

金钱薄荷

常绿攀缘性多年生草本植物，4—5月开淡紫色小花。喜欢半阴环境，但也可以种植在向阳处。

创意41 绚烂的花朵为花园增彩

石砖花坛中种植着色彩斑斓的花朵，如鼠尾草、鞘蕊花、马鞭草等。

创意42 别具特色的弧形花坛

庭院角落的弧形花坛由颜色不同的旧砖块砌成，刻意留出一些不规则的空缺，造型柔和且富有趣味。

创意43 日照足、通风好、排水顺畅的立体花坛

这个立体花坛位于光线稍差的位置，由石块和砖瓦堆叠而成。抬高式的花坛有助于改善日照、通风、排水条件，更有利于植物生长。在空间狭小、缺乏日照的地点，可以借助立体花坛让植物健康生长。

图中植物为青葙、勋章菊、圣诞玫瑰。

创意44 花坛＋栅栏＝立体栽种空间

在花坛上设立一扇栅栏，可以使栽种空间更为立体。要注意栅栏的牢固性，因为如果不够牢固，一旦藤蔓植物攀缘其上，可能会被大风整体刮倒。图中栽种的为铁线莲，包括冬季开花的常绿品种和四季开花的落叶品种。

铁线莲的周围种有三色堇和芙蓉菊。

下方红叶为南天竹，左后方分别为橄榄、光蜡树、日本四照花，低垂的植物是圣诞玫瑰。

创意45 感受混搭的魅力

混栽有助于提高植物的表现力，试着将常绿树与落叶树、灌木与草花，以及叶色变化不同的植物搭配使用吧！

创意46 用多干型树木延展花坛空间

在狭小的花坛中，比起栽种两棵单干型树木，不如选择一棵多干型树木，这样空间会看起来更宽阔一些。然后在下方搭配一些草花与地被植物，让树木看起来更稳重。右侧图中前方为梣叶槭，后方为草莓，下方为蓝菊。

创意 47 巧妙的遮挡让花坛更洋气

住宅附近难免有下水道井盖、排水渠、电表等影响美观的物品，用一些小巧思就可以巧妙地将它们遮挡起来。利用施工时留下的边角料或现有的材料进行加工，能节约不少成本。

玄关旁的花坛中露出了下水井盖。

用木质凉台的剩余材料制作了盖板。也借用了一些石砖墙面的材料。

创意 48 将栅栏设置在植物后方

在房子四周搭建栅栏时，通常会先靠近墙壁种一圈树，然后再在外侧建栅栏。但是这样非常不方便打理树木。不如像下图一样将栅栏建在内侧，植物的日常打理就会方便许多。

创意 49 明亮活泼的混栽花坛

即使花坛很狭小，也可以将高大的针叶树和低矮的草花组合搭配种植，让花坛变得活泼。上图中树木从左至右为草莓树、针叶树‘剪夏罗’和枫树，草花为常春藤、矮牵牛。

创意 50 充分利用栽种区域

可以栽种植物的空间不仅只有花坛，花坛下方的角落也可以利用起来，花坛会更加饱满。右侧图中的花朵仿佛从花坛溢出一般，上方悬挂的花篮和丰富多彩的草花，让花坛富有变化。

植物清单

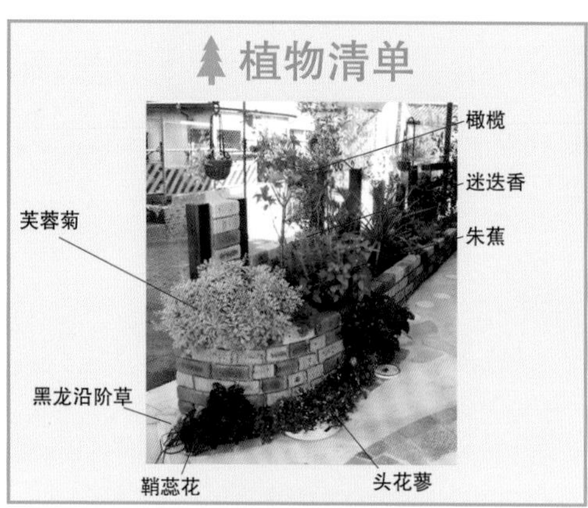

真砂土
广泛分布于日本关西地区以西的山区，由花岗岩风化而成。

创意 51 界限分明的生活空间和栽种空间

圆台或小路等注重实用性的空间，建议选用不易生杂草、容易打理的地面材料。栽种花草的乐趣就留给花坛负责吧！

➋ 界限分明的生活空间（圆台）和栽种空间（花坛）。

➋ 用真砂土与石材打造出的庭院，难生杂草的地面省去了打理庭院的麻烦。植物栽种空间由砖块和石头堆砌而成，与生活空间区分开来。

创意52 用高低错落的树木制造纵深感

后方较高的是红花檵木，前方是低矮的匍匐植物铺地柏，高度落差增强了纵深感。

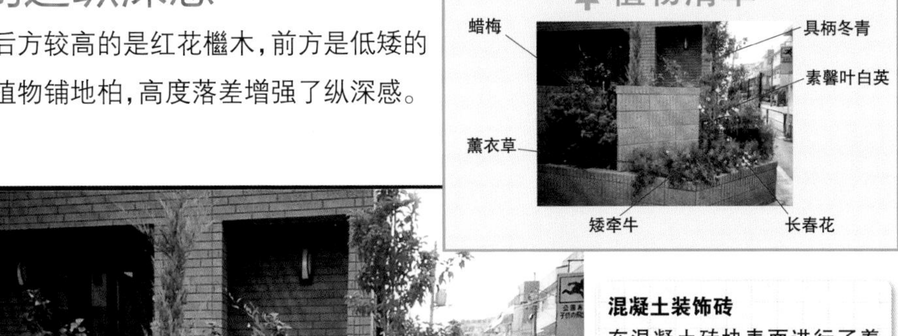

混凝土装饰砖
在混凝土砖块表面进行了着色、涂装、研磨、切割等工艺装饰而成的砖。

挡土墙
在挖土或填土时，为防止斜面或断面倾倒而建造的构造物。

宿根草本植物
在休眠期地上部分会枯萎，根部和地下茎则正常存活，待生长期到来时会再次发芽的植物。

多彩花卉装点
花坛四季

创意54 曲线造型增添优雅气质

由混凝土装饰砖砌成的挡土墙。边缘位置采用了柔和的曲线造型，墙壁略微向道路倾斜，遮挡外界视线的效果显著。

创意53 针叶树与观花树搭配

针叶树旁边是紫薇等盛开着花朵的树木，花期到来时景色无比绚烂。

创意55 用宿根植物为针叶树带来新意

针叶树的脚下是蓝花鼠尾草、马鞭草等宿根草本植物。每年都能长出新芽，令人期待感满满。

创意 56 点缀花坛的漂流木

当花坛缺乏新意时，可以用漂流木和花盆来增添点缀。漂流木散发着自然的气息，与微微倾斜的花盆相搭配让花坛更富野趣。此外，高度参差的花坛更添一丝趣味。

植物清单

创意 57 种上相同的植物让花坛空间更宽阔

上下两层的花坛中如果种植相同的植物，在视觉上会看起来更宽阔。即使花坛间有界线分割，也可以让植物越出花坛将其覆盖，让花园更加妙趣横生。

创意 58 利用漂流木的线条让花园更生动

漂流木与其上下方的植物线条一致，令庭院更富律动感。

植物清单

创意60 高低错落的有趣花坛

在设置栽种空间时，利用高低差为花坛增加变化与趣味性十分有必要。

多彩花卉装点
四季花坛

创意59 尽量分隔花坛区域

一般情况下，花坛中的植物会混栽在一起，但将区域划分开来，能确保植物将来互不影响地茁壮生长。尤其是四照花等乔木，它们发达的树根会占满花坛，导致其他植物没有容身之地。即使强行栽种，也很有可能会被乔木夺走水分与养分，无法开花而后枯萎而死。

创意61 用栅栏装饰花坛

花坛前侧为花草，后侧为树木，在两者之间设置一扇铁艺栅栏，既能凸显花草，又能使花坛整体更显稳重。

↑ 石砖花坛搭配铁艺栅栏。可以将藤蔓植物牵引其上。树木为北美香柏，花草为迷迭香、蔷薇、圣诞玫瑰等。

← 前方种植三色堇的区域与后方树木区域之间用栅栏隔开。三色堇更加夺目，整体也更显稳重。

创意 62 将匍匐植物种在稍高的花坛中

铺地柏等匍匐植物紧贴地面生长蔓延，如果种在低矮的花坛中，伸出花坛的枝条可能会被车辆碾压、行人踩踏，叶片变脏、枯萎，因此最好种在稍高于地面的花坛中。

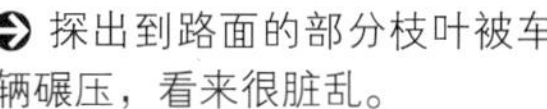

➔ 探出到路面的部分枝叶被车辆碾压，看来很脏乱。

↑ 种在略高的花坛，能省去打理的麻烦。

创意 63 利用盆栽搭配种植

花坛中有些难以和谐共处的植物可以采用盆栽的形式，既能确保植物各自的生长空间，又使空间更整洁。

↑ 种着蔬菜和草本植物的家庭菜园。花盆中是根部生长较快的辣薄荷和地下茎较长的草莓。

创意 64 高低错落的花坛十分别致

一个高度错落的花坛能让花园更加生动活泼。在搭建时稍加新意，就能让花坛效果大不相同。

创意 65 免打理的铁梨木花坛

花坛的建材多种多样，铁梨木（像铁一样坚硬的木材）就是其中之一，可以用来打造十分有趣的花坛。铁梨木不易腐烂，因此不必费心打理。右侧图中的铁梨木与耐火砖搭配使用，让花坛更加多彩。

耐火砖
具有耐火性的砖块，由耐火黏土等耐火材料制成。常用于搭建烤肉炉或烟囱等构造物。

↑➔ 硬木与耐火砖建造的花坛。树木为常绿杜鹃、三叶杜鹃、钝叶杜鹃、朝鲜白檀等。

巧用栽培容器

花箱、素烧盆、木桶等种植植物的容器统称为栽培容器。将心仪的植物种在不同容器之中，别有一番趣味。栽培容器包括长方形、圆形、船形等形状。即使没有花园与花坛，也可以在容器中打造独一无二的小花园。

栅栏与栽培容器的搭配组合

可以将栅栏与栽培容器像上图一样搭配使用，将藤蔓植物牵引在栅栏之上，组成一个优美且自然的屏风。

创意 67 典雅的赤陶盆

赤陶盆自然不造作的风格让植物更富有意趣。在玄关等需要保持地面干净的位置，可以选用支架抬高花盆或带足花盆，这样不易弄脏地面。

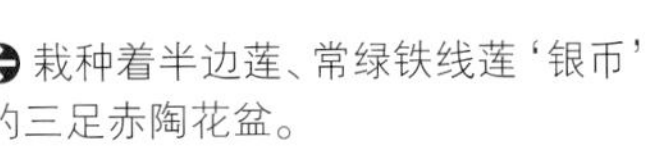

← 栽种着半边莲、常绿铁线莲‘银币’的三足赤陶花盆。

混栽多种植物的大型花箱。

方便浇水的大型花箱

在阳台或者屋顶等不方便浇水的地方，建议选用大型花箱。其存土量大，每次浇水时将土壤浇透，水分充分浸湿后可维持较长时间。素烧盆外形美观，透气性好，但是翻倒后容易摔碎。建议选择不易损坏的塑料或 FRP（纤维增强复合材料）花箱以及保水性和透气性好，且重量较轻的土壤。

FRP
纤维增强复合材料，常用作木质房屋的阳台和屋顶花园的防水材料。还可用于制作水池、门或邮箱等物品。

契合地面高度差的手工花箱

在有台阶或是倾斜的地面，可以配合其形状打造一个花箱。右图中是用木质凉台的剩余材料制作的花箱，完美地契合了地面的坡度。

创意 69

带滚轮的移动式花坛

在大型花箱下安装滚轮，其中栽种着针叶树并配置了刹车装置，一个移动式花坛就此完成。在混凝土地面的停车位中，移动式花坛既能做屏风，也能体验植物带来的乐趣。当有车辆进出时，可以启用刹车装置防止花坛移动。

阳台上引人注目的小栅栏

↑ 四季开花的月季‘冰山’。

若在阳台上栽种藤蔓植物，可以用栅栏进行牵引。下图中的月季花原本种在右侧的白色花盆中，但由于太难打理，所以改用了左侧“栅栏 + 花箱”的组合。

用天然材料打造自然风格花园

石块、砖块、枕木等天然材料与植物共同构成自然风格花园。自然材料的质感会随着岁月流逝悄悄改变，我们可以在变化之中感受庭院的治愈气息。

创意72 巧妙搭配天然石块和真砂土

绿意盎然的优雅小路。在真砂土铺成的地面上铺着天然石块，仿佛野外幽径。

植物清单

创意73 用低矮的草花遮盖材料之间的界限

栅栏下方盛开着松叶景天，极其自然地遮挡住了枕木与天然石块相连的部分。后方的树木是柱状南洋杉，前方的草花是黄连花。

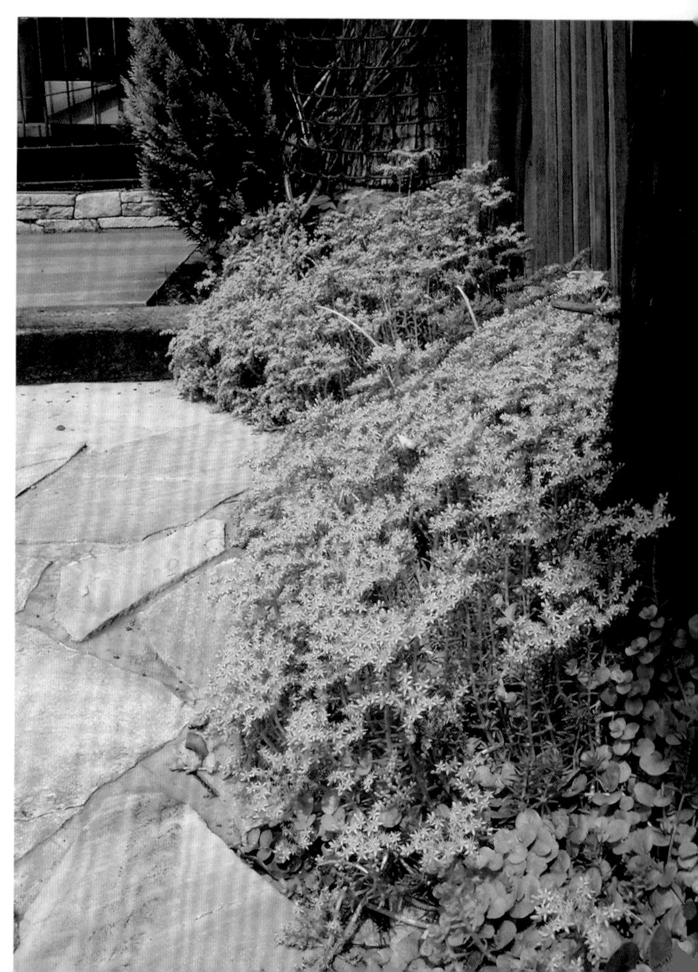

创意74 用植物遮盖土壤

石板铺就的路面上延伸出一小片草莓藤。可爱的枝叶遮挡住了栽种空间里的土壤。

⬇ 前方是草莓‘薇瓦罗萨’，后方是麦冬和贯众。

创意 75 用地被植物和石块打造岩石花园

红色岩石之间栽种着景天、羊角芹等地被植物，如同一个小型岩石花园。与枕木和天然石块铺成的小径搭配也十分和谐。

植物清单

创意 76 覆盖地面的地被植物

在石板小路与装饰石块之间种满了草花与地被植物，比如宿根满天星、百里香、丛生福禄考，避免土壤裸露的同时，也利用天然石块与植物构成了一个风格统一的庭院。

植物清单

创意77 缠绕花架的藤本植物

由砖块铺就的弯曲小路上，木质花架柔和地遮住了阳光。小路的两侧满是藤本植物与宿根植物，时间越久越具韵味。这是一个能感受时间缓慢流逝的庭院。

创意78 标志树投下的温柔树荫

庭院中央是标志树四照花。大树下面的圆形花坛在视觉上扩大了空间。间隔摆放的天然石块营造出一种令人愉快的闲适气氛。

创意79 天然石块砌成的花坛让花园更具自然风

植物清单

用植物打造玄关前的入户花园

迎接客人的玄关可谓是一家的门面，应能尽量带来舒适之感。用植物装饰玄关，可以自然地将客人迎入家中。即使空间狭小，也能布置出令人眼前一亮的入户花园。

创意 80 叶色变化的植物为玄关增彩

玄关前的木质门柱和船灯下方，种植着西洋鹅耳枥、含笑等叶片会变色的植物，自然地遮挡了地面。

植物清单

船灯
曾使用于船舶的电灯，光线可以扩散至远处，也称为航海灯。

创意 81 绿意葱茏的入户花园

在玄关前的停车位旁开辟一片栽种空间，种植一些植物。影壁下方用枕木搭建了一个花坛，营造出自然的气息。树木从左至右为黄栌、日本紫茎、斑锦四照花等。

玄关前独具特色的邮箱。门柱与花坛都统一采用了天然材质的枕木，并在下方点缀了黄金菊和三色堇。

创意 82 绚烂的植物与华丽的玄关

以华丽的红色谷茑尾为中心，四周栽种着圣诞玫瑰和络石。这个入户花园能吸引路人不禁驻足。

植物清单

红色的谷茑尾，极为华丽。

创意 83 枕木门柱和立水栓组成的小花园

立水栓
打造成立柱状的水龙头。

枕木制成的立水栓背后是白色铁艺栅栏，砖块圈出的小花坛中是针叶树和三色堇。

车库正面是开放式玄关，枕木门柱旁种着针叶树。下方蔓延生长的迷迭香是门前的一抹亮色。玄关前的小型花园代表着主人的迎客之道。枕木制成的立水栓周围环绕着斜格栅栏和红砖，中间种上了许多花草。

用植物打造玄关前的入户花园

枕木门柱上装有邮箱和灯饰。红陶素烧装饰和小狗摆件可爱无比。

枕木门柱背后是针叶树，下方蔓延生长着迷迭香。

创意 84 影壁前清爽的迎客植物

植物清单

在影壁下方开辟出一块种植区域。混凝土影壁的坚硬质感在绿植的点缀下变得柔和，成为一个清爽的入户花园。

创意 85 布满鲜花的明亮玄关

明亮的开放式玄关前为了适度保护隐私而设置一个缠绕着玫瑰的格子栅栏，石砖花坛中的四照花是庭院的标志树。台阶上错落地摆放着盆栽，让鲜花布满角落。

⬆ 前方的枕木花坛中栽种着针叶树、三色堇和银叶菊，自然地遮挡了混凝土建筑的边界。

⬅ 玄关前的格子栅栏适当遮挡了外部视线，其上牵引了月季。正中央是标志树四照花，右侧是珍珠绣线菊和山月桂。

➡ 彩色砖块铺设的半圆形地面为花园带来了变化。

创意 86 用枕木打造自然感满满的门前空间

玄关前用枕木制成的栅栏保护了住宅隐私，参差的高度带来了活泼的气息。停车位也同样由枕木铺成。为了中和混凝土建筑的生硬感，将电线杆原木改造成花箱，在其中混栽了多种植物。窗台上摆放着向下低垂的花朵，优雅动人。

⬆ 后方是枕木栅栏，前方是枕木铺成的停车位。

➡ 枕木栅栏（左）的下方从左至右为络石、百脉根、木藜芦。圆木花箱中从左至右为蓝花矢车菊、石竹属、鞘蕊花、蔓长春花。窗台上下垂的花朵是阔叶风铃草。

令人心旷神怡的园间小路

花园通往玄关的小路一定要景色优美且富于变化，让人感到愉悦。小路可选用的材料颇为丰富——红砖、石材、瓷砖、泥土等。在小路两侧不妨用植物加以点缀。

创意 87 圣诞玫瑰盛开的红砖小路

砖块铺成的园路两侧栽种着圣诞玫瑰，低垂的花朵仿佛在窃窃私语。圣诞玫瑰的花期其实并非在圣诞前后，而是早春。

入户小路
指庭院门至住宅玄关之间的道路。

英式花园
常见于英国的、以凸显自然风景为主的花园。

园路
花园之间或花园内的小路。

植物清单

创意 88 宿根植物令园路充满英伦风

用三色石砖砌成的蜿蜒园路，两侧是薰衣草、白芨、玉簪等宿根植物，为庭院带来年年花开花谢的乐趣。延伸到路上的花草让花园极具英式风格。

↑白芨。

创意 89 砖块与枕木的多变组合

三色砖块之间装饰着枕木，小路边缘呈不规则的锯齿形，在两侧留出了栽种空间。在砖块的接缝处，有宿根植物探出了头。无意间发现散落的种子生根发芽也是园艺的乐趣之一。

创意 90

台阶下方的垂盆草能提高排水能力

由天然石材碎拼而成的优雅入户小路。不规则拼接营造出温柔的气息。在台阶处种下了一排垂盆草以提高排水能力。

创意 91

美化台阶的麦冬

玄关台阶由碎拼的天然石材和真砂土组合铺成。在台阶下栽种了麦冬，增添细节之美。

创意 92

用于缓冲的麦冬

阳光普照的园路旁是洁白的墙壁，枕木制成的立水栓旁种满了花草，景色美不胜收。台阶之间用麦冬作为缓冲，也为园路增添了美感。此外，种上植物也能防止石材间的混凝土出现裂隙。

植物清单

创意 93 圣诞玫瑰与贴梗海棠的美妙组合

建筑物与园路中间盛开着贴梗海棠和圣诞玫瑰，从早春便能开始欣赏可爱的花朵。左侧是一棵多干形山枫。

创意 94 笔直的园路边也能栽种植物

一条长长的瓷砖小路从马路延伸到玄关门口，中间几处弯折避免了单调感。花坛中栽种着日本四照花和青葙等植物，为庭院增添了更多观赏价值。

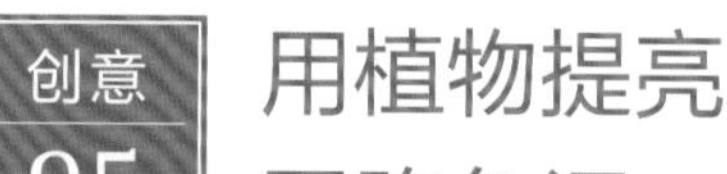

创意 95 用植物提亮园路色调

西洋木藜芦‘彩虹’的花朵。

弧形的红砖园旁有薰衣草、石竹、西洋木藜芦等植物，十分赏心悦目。

创意 97 温柔点缀着小路的花花草草

小路由素烧砖块铺设而成。边缘的小小花草是一抹温柔的亮色。

创意 98 用铺装材料免去打理之苦

这是一条常见的通道，过于狭小的空间让杂草处理等工作变得十分困难。铺上真砂土，便能免去打理的烦恼，同时也提高了美观度。

↑ 改造前杂草丛生的通道。

↑ 改造后的真砂土地面十分利落。边缘砌上砖块，在栅栏上牵引了藤蔓植物。

创意 96 用不同质感的材料丰富小路

使用一些质感完全不同的材料，来为小路添加新意。即使是普通材料，稍加改造，也能变成颇为有趣的设计。

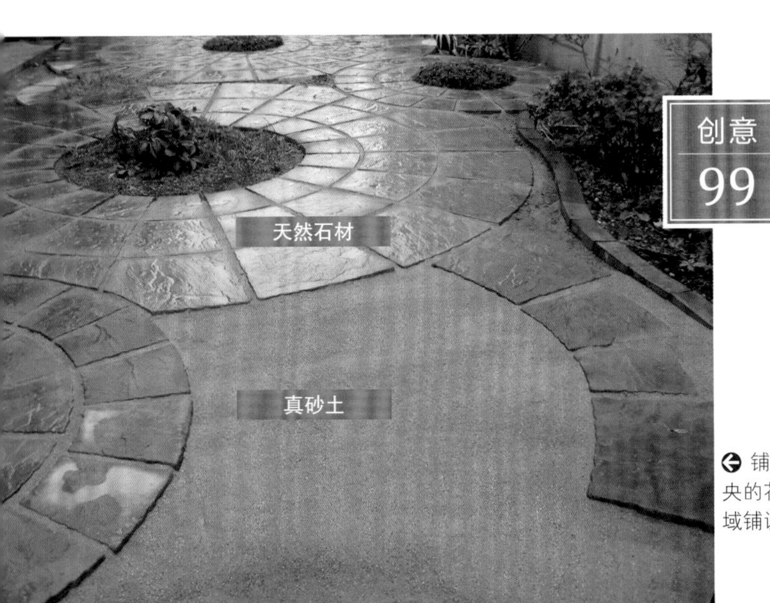

← 铺装材料和石板构成的庭院。石板铺设成的圆圈中央的花坛栽种着迷迭香和圣诞玫瑰等宿根植物。其余区域铺设着真砂土，省去了频繁打理的麻烦。

创意 99 用铺装材料和天然石板打造雅致庭院

如果对打理庭院感到头疼，不妨多使用铺装材料和石板铺设地面，减少裸露的土壤便能省去很多麻烦。预留部分栽种空间，以便享受园艺的乐趣。

创意 100 巧妙遮挡不美观的东西

下水道、排水管接口等位置有碍美观，却又不能彻底将其封死。这种情况下可以考虑在其上方铺设一层砂石，当需要设备检测时也可方便地将其移走。

砖块小路上有两处空缺，下方为排水管接口，用砖块碎屑将其隐藏了起来，看似如同一处特地构思出的设计。

采取了随性的石板铺设方式，并在两侧栽种了阔叶山麦冬、麦冬和木藜芦等植物。

创意 101 有趣且实用的入户小路

入户小路（石板、石块拼贴、砖块等）在施工时需注意 3 点：不能单调乏味；不要浪费空间，注意实用性；要与植物相搭配。

创意 102 红砖令花园更显温暖

花坛之间铺设着红砖，其间的缝隙用真砂土填满，整体自然且柔和。

花坛间铺设红砖的示例。

红砖块的缝隙用真砂土填满，视觉效果自然且柔和。

如花园般的别致车库

即使是最常见的混凝土车库，也可以通过在地面制造一些变化为其增添设计感。未停放车辆的车库甚至可以如花园般可爱。

创意 103 巧妙设置麦冬草缝

在混凝土与石块拼接的车库地面中央，加入了一条麦冬草缝，令车库焕然一新。

什么是“草缝”？

在宽阔的空间中如果大面积地使用混凝土地面，那么几年之内就会出现裂缝。这种裂缝是由于阳光照射导致混凝土热胀冷缩而产生的，因此难以避免。但是，如果在混凝土地面之间隔开空隙，填土后种上植物（即“草缝”），地面就不易出现裂缝了。所种植物建议选用麦冬这类较矮的植物。车库中的草缝应位于车胎不会压到的地方，同时还需与车胎行进方向垂直。否则，平行方向的车轮很可能会卷走青草，造成植物受损。将草缝设计成曲线，能让庭院更加灵动。

创意 104 草缝成为车库亮点

这里既是入户小路，又是露天车库。铺满砖块的地面中间，用草缝打造了一处亮点。其中栽种的麦冬是一种较为低矮的植物，并不会影响车辆进出。这样一点小小的设计令人赏心悦目。

树木为美国尖叶扁柏。

创意 105 草缝即迷你花园

在不会被车轮碾压的位置开辟一处空隙，用彩色石砖砌出边缘，形成一个迷你花园。其中栽种的皆为马鞭草等 5~10cm 高的低矮草花，不会妨碍车辆进出。没有停放车辆的时候便可欣赏植物。

植物清单

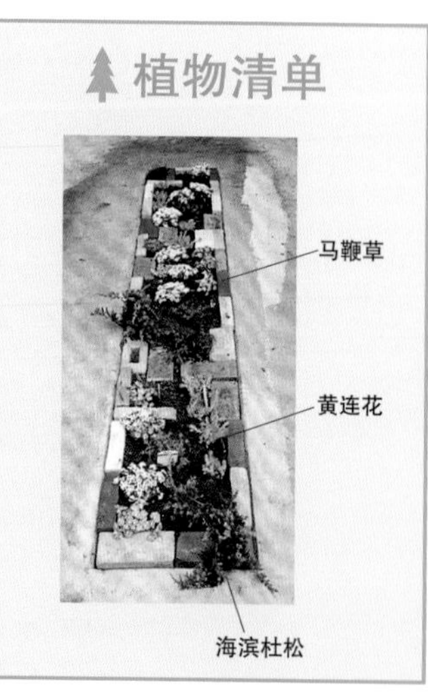

有效利用狭小空间

改造后，砖块铺成的小路变得方便行走了。两侧是抬高式花坛，便于打理，泥土也不会飞溅起来。后方是木质凉台和花架，既可休憩又可赏花。

After

↑ 改造后更加生动的花坛，同时具有方便行走、泥土不易四溅、便于打理等优点。

创意 106 令小路色彩缤纷的花坛

玄关前的小路若是仅用于步行未免太过可惜。人或自行车通过所需宽度大约为 60cm，两侧的剩余空间不妨用作花坛。略微抬高的花坛不会造成压迫感，还能让步行更加愉悦。

← 改造前，有几块布置成步石形式的砖块，难以行走又容易被四周的泥土弄脏，走路时不得不低着头看着地面才行。

步石
间隔摆放的用于步行的石块。

创意 107 立水栓与花台

素烧陶制作的立水栓后方有一面矮砖墙，其后侧收纳着软水管。上方为铁梨木搭成的花台。

铁梨木

原产于印度尼西亚的坚硬结实的木材，在水中也可100年不腐。被广泛运用于地板、港湾、桥梁制造等，是世界上最为坚硬的木材之一。

⬆ 后方视角，可看到水管的收纳空间。

⬅ 正前方视角。盆中的植物为长春花。

创意 108 狭小的空间也能设置花坛

无论多么狭小的空间，只要种上植物就会变得温柔起来，还可以遮挡混凝土建筑地基等有碍美观的部分。

⬅ 建在建筑地基前的半圆形小花坛，其中栽种着梳黄菊、鬼针草、辣薄荷、葱莲等植物。

创意 109 适合狭小空间的藤本植物

在狭小的空间中试着种一些藤本植物吧！在墙壁间隙等狭窄的空间摆放造型绿植或栅栏，使其成为一个独立的栽种空间。将多种藤蔓植物混植在一处也颇有乐趣，比如常绿北美钩吻和落叶铁线莲就是一种不错的搭配。即使地面不够宽广，通过牵引也能最大限度地利用空间。

创意 110 有效利用死角

建筑物西侧有一块很难被利用的区域，如今摇身一变成了一片植物的小天地。园主并没有用砖块在此堆砌花坛，而是将它们用作地砖，在空隙处种上了绿植。重点是选用稍厚的砖块。

随性的边缘处理

参差的石砖边缘既流出了栽种空间，又增添了趣味性。

⬆ 图中植物为龙面花、蒙大拿铁线莲、百里香、非洲菊、翠雀。

创意 111 植物作为分界屏障

在两户之间的墙壁下方制造出一片狭小的栽种空间，种植了日本紫茎和薰衣草等植物。高挑的树木形成了天然屏障。

创意 112 曲线型的栽植空间带来变化

通往入户玄关的小路旁留出曲线型的栽植空间，种了紫茎、木藜芦、攀缘卫矛等植物，给小路带来了变化。

创意 113 立柱的多重用途

玄关侧面的有限空间中，巧妙地设计了一根木质立柱。木柱上方是一个花台，侧面安装了挂钩，以便悬挂花篮。

↑ 木柱上的铁艺挂钩上悬挂着种了香堇菜的吊篮。花台上的花盆由树皮制成，其中混种着香堇菜和鳞叶菊。为了防止花盆翻倒，用锁链加以固定。

创意 114 立水栓也能作花台

为了能摆放花盆，特地打造了一个略粗的木质立水栓。盆栽植物为紫露草，低垂的模样甚是可人。

创意 115 枕木间的花坛

铺了天台的枕木之间有一个红砖砌成的半圆形小花坛。其中是五星花和银叶菊等宿根植物。

利用栅栏打造立体花园

栅栏可以制造出更多维度的乐趣——比如让藤蔓植物攀缘而上，或将花篮悬挂半空。栅栏可以是木质也可以是铁质的，丰富的材质使栅栏可以搭配在各种场景之中。

创意116 黄木香与藤本月季

说到蔷薇属植物，其中最具代表性的品种之一便是无刺、一季开花的黄木香。左侧是四季开花的现代月季‘花花公子’，它们与木质格子栅栏在视觉上极为和谐。

➔ 黄木香与藤本月季的搭配十分和谐。

创意117 方格栅栏与藤本月季

方格栅栏上缠绕着经典的藤本月季品种‘鸡尾酒’。攀缘而上的‘鸡尾酒’四季开花，长势好并且容易打理。

➔ 从方格栅栏中探出的藤本月季‘鸡尾酒’。

创意118 让庭院更富设计感的亚洲络石

以枕木为底座，上方架设了一个方格栅栏。藤蔓植物亚洲络石盘绕其上，带来一种清凉感。与其说是屏风，不如说更像是庭院的装饰亮点。

创意119 缱绻于凉台和栅栏下方的藤本植物

木质凉台和木质栅栏下方的狭小空间中，如果能种上藤本植物，能增添不少意趣。与能开花的一年生草本植物搭配在一起，就能带来四季不同的丰富乐趣。

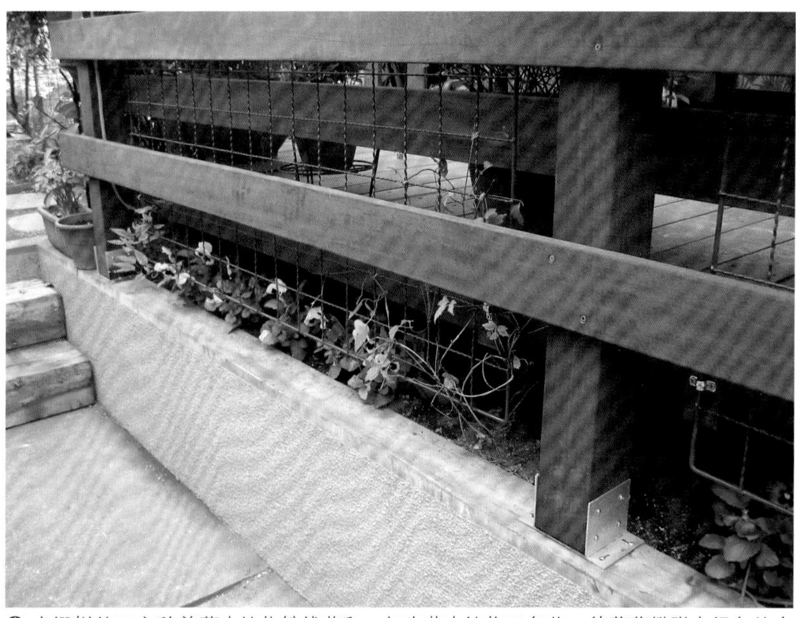

↑ 木栅栏的下方种着藤本植物铁线莲和一年生草本植物三色堇。待藤蔓攀附在绿色的金属网格栅栏上，一个立体的小花坛便形成了。

创意120 悬挂花篮以遮挡视线

枕木底座上的低矮斜格栅栏上挂着花篮，能起到遮挡视线的作用。

← 天然材料做成的花篮上栽种着香堇菜。

创意 121 利用斜格栅栏让庭院四周开满鲜花

在房屋四周围起斜格栅栏，下方用枕木固定，并种上了许多植物。栅栏上悬挂着花篮，既装点了庭院又起到遮挡视线的作用。花篮中栽种着颜色不同的三色堇。

创意 123 带来清凉感的铁线莲屏风

栅栏上悬挂着铁线莲的花篮和陶器装饰品。方格栅栏与铁线莲这类藤本植物最为相配。

创意 122 立体感十足的低垂植物

斜格栅栏上挂着许多花篮，其中有蓝星花、红尾铁苋、常春藤、鞘蕊花等。垂落的叶片轻柔地覆盖在栅栏之上，能起到遮挡视线的作用。

创意 124 利用栅栏增加栽种空间

公寓一层改造之前，仅有一个低矮的砖台。改造后在上面加装了一个斜格栅栏并挂上了几盆植物，增加了栽种空间，视觉上更加华丽，连路人都会忍不住停下脚步瞧一瞧。

用藤蔓植物打造绿墙

在高约 4m 的网格栅栏上栽满藤蔓植物，打造一面绿墙。比较适合用于打造绿墙的植物包括贯月忍冬、北美钩吻、冬季开花的铁线莲、多花素馨、亚洲络石、号角藤等。

⬆ 贯月忍冬的花朵。

⬅ 贯月忍冬（红花）和号角藤（黄花）。

双层网格

双层网格能提透气性，使植物更加茁壮地生长。

适宜牵引在栅栏上的蔓生植物

紫一叶豆

豆科，常绿木本植物，花期为3—4月，喜光。

铁线莲

毛茛科，落叶植物，花期为5—10月，喜光。种类繁多，有常绿品种。

贯月忍冬

忍冬科，半常绿木本植物，花期为5—6月。既耐寒亦耐热，冬季会有少量落叶。

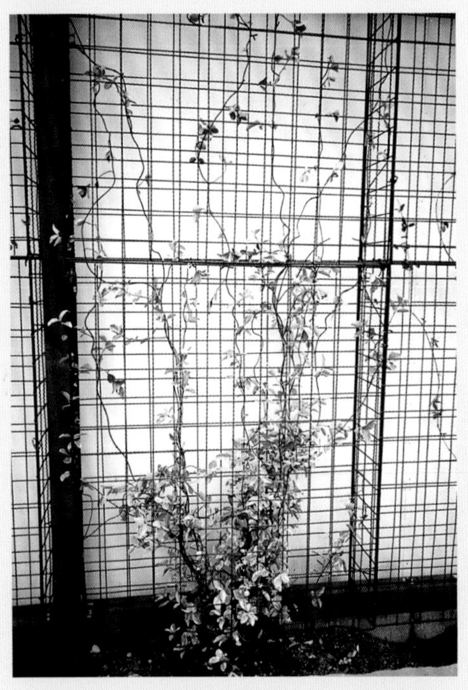

亚洲络石

夹竹桃科，常绿蔓生木本植物，花期为5—6月。花朵有茉莉花般的宜人香气。生长速度快，在半日照环境下也能生存。

素馨叶白英

茄科，常绿藤本灌木，花期为6—9月，喜光。株高0.5~2m。

藤本月季

蔷薇科，落叶植物。花期因品种而异，有些春、秋两季开花，有些仅春季开花。冬季需进行修剪或牵引枝条。

创意 126 薄枕木与铁栅栏的可爱组合

左图中的薄枕木和铁栅栏构成了车库的屏风。在这样狭小的位置，比起标准尺寸的枕木，还是薄枕木更为合适，攀缘其上的植物为亚洲络石和铁线莲。

薄枕木

标准的枕木厚度为 15cm，而薄枕木的厚度为 7.5cm，适用于狭小的空间，价格也更便宜，应用范围非常广泛。

创意 127 赤陶盆的热闹派对

枕木和铁艺栅栏结合形成围墙。铁艺栅栏上挂着若干个赤陶盆盆栽，犹如一场热闹的壁面派对。

创意 128 用植物遮盖枕木

↑ 西洋木藜芦。

涂料类墙面间用了几根枕木组成栅栏，在枕木上装饰着粗大的铁钉和生锈的铁链，怀旧感十足。枕木脚下栽种着西洋木藜芦和白可花，完美地遮盖了露出的泥土。

← 盆中的植物是香堇菜。

创意 129 用素馨叶白英打造英式花园

薄枕木和铁艺栅栏上攀附着素馨叶白英等藤本植物。素馨叶白英为半常绿品种，花期极长。茶色的枕木和绿色的枝叶交相呼应。

利用栅栏打造立体花园

创意 130 锻铁与藤蔓植物

建筑物外墙和道路之间会有几厘米的空隙，不要浪费空间，将它利用起来吧！架起栅栏和支柱，让藤本植物攀缘其上，就构成了一个可爱的立体花坛。还能用作窗前屏风，遮挡外界的视线或阳光。这是一个也能让路人心情愉快的小设计。

➲ 手工打造的锻铁栅栏，素馨叶白英攀缘其上，大大提高了空间的利用价值。下方的花草从左至右为长春花、鞘蕊花、蓝花鼠尾草。

创意 131 令庭院色彩缤纷的凌霄花

近来凌霄花的颜色越来越丰富，打理起来也非常方便——树叶脱落后仅留下枝干，将小枝全部剪去即可。春季发芽之后，便不要再进行修剪，之后就会长出花芽而后开花，花期较长。木质凉台、花棚、铝制栅栏上都可以牵引上凌霄花。

创意 132 在墙内外栽种相同植物

将相同植物栽种在围墙的内外两侧，能让空间看起来更为宽阔，同时也稍微削弱了围墙的存在感。

➜ 围墙内外两侧的枫树。

植物清单

创意 133 围墙是花篮的最佳拍档

在无法栽种植物的围墙上，只要悬挂上一个花篮就会立刻焕然一新，如同一个空中花坛。

➜ 木质围墙上用挂钩挂一个花篮，让围墙变得华丽起来。

利用栅栏打造立体花园

创意 134 在栅栏两侧种上相同的草花

植物清单

在栅栏下方栽种植物时，若能选用同类植物，就能营造出栅栏置身花坛的效果。选择略高的草花遮挡住栅栏底部，能让栽种效果更为理想。

栅栏内侧。

栅栏外侧。苏铁赋予栅栏一种现代感。右侧的植物为中国旌节花。

创意 135 栅栏内外的不同风情

如果能让栅栏内外的风景截然不同，那花园将更加生动有趣。

创意 136 用花草遮盖栅栏底部

栅栏的底部种了松叶菊等草花，让整体更加美观。从生福禄考等也适合栽种在此处。

创意 137 在栅栏上栽满一季开花的铁线莲

右侧图中为一季开花的蒙大拿铁线莲，开花时的动人姿态令其极具人气。由于要让藤本植物攀缘其上，在为网格施工时一定要注意稳定性。

一季开花的蒙大拿铁线莲。

铁线莲的下方从左至右为勋章菊和屈曲花。

将正方形的横格栅栏摆放成菱形，别具一格。

改变栅栏方向制造动态感

安装栅栏时，不要局限于水平方向，将其倾斜摆放成菱形，动态感便油然而生。搭配上藤本植物，让栅栏更富趣味性。

试着改变栅栏的安装方式，会给庭院带来不一样的惊喜。

在横条栅栏上开出一个圆形孔，从樱花树借景。

创意 139

巧妙借景

如果住宅四周有宜人的风景，在设计庭院时可以考虑借景，让观赏效果得到最大的发挥。

在墙壁上方安装栅栏，防止猫咪进入。

木质凉台的下方容易成为猫咪的“卫生间”，用网格挡在外侧防止猫咪进入。

用栅栏或网格防止猫咪进入

如果对猫咪粪便感到烦恼的话，可以安装栅栏和网格来防止猫咪等小动物进入。

创意 141

高度不一的门扉和栅栏

用长度不同的材料来制作木质门扉和栅栏，可以让门前变得更加有趣。

创意 142 用倾斜制造视觉错觉

特意将木栅栏倾斜安装，制造视觉错觉，别有一番趣味。

↑ 倾斜安装的木栅栏给人以视觉错觉，让人无法准确感觉其大小。

创意 143 既能遮挡视线又不影响通风的栅栏

为了挡住房屋外侧的视线，栅栏是必不可少的。但是如果安装从上至下完全密闭式的栅栏，又会影响日照和通风，美观性也不足。因此栅栏的上方可以交错地安装木条，并留有空隙，下方无须遮挡视线的部分彻底空出即可。

↑ 木质栅栏的打开状态。

↑ 木质栅栏的闭合状态。

↑ 内外交错地安装木条，空隙能让风自由地流通，阳光也能偶尔透射进来。

↓ 空出的栅栏下方有助于通风。

装饰欧式涂料墙面

涂料类墙面越来越受到欢迎，与欧式建筑匹配度极高。在墙上设计一些缺口或空隙，将植物装饰其上，能大大提高墙面的趣味性。

创意 144 欣赏贴梗海棠的清丽白花

白色墙壁的内侧种植白色的贴梗海棠，气质十分清雅。下方有花园灯，夜晚被灯光点亮的花园更为迷人。

↑ 从外侧看去的景色，右侧的树木为刀叶相思。

墙壁下方种着木藜芦'彩虹'、铁线莲和石竹等多彩的植物。

创意 145 涂料类墙壁下方的栽种空间

涂料类墙面最近非常流行，但是屋檐滴落的雨水很容易导致墙壁下方变脏。最好的办法就是在墙壁下方栽种植物，既能防污，又能美化墙壁。

雨落
日语中将屋檐正下方雨水低落的位置称为雨落。

夜间照明
为了欣赏夜间的景色，在建筑物上安装照明设备，让花园更加明亮突出。

创意 146 白色的铁线莲增添高雅气质

白色的铁线莲与白色涂料墙面一起营造出高雅的气质。铁线莲为藤本植物，可以让其攀附在日本紫茎等植物之上，不会影响其他植物的生长。冬季应从根部往上 20cm 处将其剪断。

创意 147 让花朵从空隙中探出

详地黄从涂料类墙面的凹形缺口处探出，是一处极为特别的设计亮点。左侧的树木是红花檵木。

创意 148 墙壁内外的不同风景

涂料类墙壁的内侧种了垂丝海棠和圣诞玫瑰。垂丝海棠在努力地向外延伸，从墙外也能欣赏到其身姿，墙内则能欣赏圣诞玫瑰的花朵。

装饰欧式涂漆墙面

创意 149 用赤陶盆装饰花台

在涂料类墙面的凹陷处后方放置一个花台，将种有针叶树的赤陶盆摆放其上，成为一处亮点。

创意 150 墙面与植物构成的屏障

涂料类墙面与植物的绝妙组合。肆意生长的枝叶恰好保护了起居室的隐私。

创意 151 斑锦日本女贞构成的自然屏风

斑锦日本女贞茂密地覆盖着墙面，成为一道自然的屏风。涂料类墙面的下方色彩缤纷的花朵是马齿苋。墙壁内侧隐约露出的枝条是大花六道木。

用植物扮彩壁面

外墙、围墙等单调的墙面上，一旦装饰上鲜花就立刻变得浪漫起来。低垂的枝条随风摇曳，无比动人。

不便浇水的地方可以选用假花

窗外开满鲜花的花坛令人心生向往，但在实际养护的时候很难浇水，而且植物也容易枯萎，所以不妨选用假花。在真的素烧盆中装饰上假花，看起来会更真实一些，既不用浇水，也不用做其他打理。

用矮牵牛增添华丽色彩

阳台上的木质花箱中栽种着矮牵牛。有可从春季开至秋季的品种，矮牵牛一直有新品种推出，很值得期待。

创意 154 低垂的藤本植物覆盖墙面

在墙壁上方摆放花箱，再种上常春藤、蔓长春花等藤本植物。待枝条下垂覆盖墙面之后，便构成了一幅柔和的画面。不要让枝条长得过长，而是不时进行短截，这样枝叶会更加茂盛，绿墙看起来更加饱满。不过，要注意防范植物在墙壁上扎根。

创意 155 将藤本植物缠绕在网格上

排水管等不太想露出的部分，可以像图中一样用铁丝网格包裹起来，然后将藤本植物牵引在网格上。

建筑外壁、凉台、栅栏、花棚全部为木质的住宅。白色的排水管裸露在外，破坏了整体的和谐。因此用网格将其包裹起来，让多花素馨、黑莓等藤本植物攀缘生长，兼具实用性与美观性。

创意 156 用树木遮挡墙面

用树木遮挡墙面也是一种方法，比如夹竹桃这类花期长且耐强剪的植物就比较适合，它们即使生长得较大也没有问题。

植物清单

创意 157

打造立体的月季花墙

制作月季花墙时，常见的办法是用架设格子栅栏或者使用塔形花架。但是不妨在建筑外墙上插入钉子，缠上铜线，让藤本月季攀缘生长，也可以打造出自己想要的花墙。藤本月季的主枝上会生出许多侧枝，将有无数的花朵爬满墙面。铜线不会生锈，也无须担心污染外墙等情况。

↑ 侧枝上开出许多花朵。

↑ 在建筑外墙上固定铜丝，让藤本月季攀缘生长。图中为花朵盛开的状态。

创意 158

令窗外的风景更华丽的花箱架

在窗户外侧安装花箱架后并摆放上花草，令房屋外观更美观，从窗户看到的风景也更加令人愉悦。

创意 159

将墙壁作为幕布

左图中，乔木在朝阳的映射下，在墙壁上投下了一片婆娑的树影，让庭院的美更具动态，这是巧妙运用“一无所有”的墙壁的案例。

创意 160 在无法种树的空间中栽种藤本植物

如果空间不足以种植树木，那便到了藤本植物大显身手的时候。但要注意架子或栅栏一定要足够结实。

★适合的藤本植物

藤本月季、木香花、铁线莲、紫一叶豆、葛枣猕猴桃、忍冬、素馨叶白英等。

创意 161 墙壁前的立体花坛

即使在石板地面上，也能用花箱创造一个栽种空间。固定式花箱应尽量大一些，充足的土壤是植物长久生长的关键。在狭小的空间中，可以使用右图中这种较深的花箱，将其固定在墙面上。借用墙体打造的立体花箱提升了空间利用率。

⬆ 紫一叶豆（白花、紫花）。

用植物扮彩壁面

创意 162 铜丝适宜用于牵引藤本植物

想让墙壁爬满藤本植物时，铜丝栅栏是很合适的选择。不过最好挑选枝叶不会附着在墙面上的植物，以免损伤墙面。

➡ 常春藤等藤本植物中有些会沿墙壁向上攀爬，有些会将枝叶附着在墙壁上，也有一些会顺着墙壁的缝隙伸进室内。

⬇ 利用铜丝栅栏在墙上牵引藤蔓。

如花幕般的树篱

漂亮的树篱能够用来衬托建筑。树篱以前的主要用途是遮蔽视线，但近来越来越多的人将其用于美化庭院。想制作一个吸睛的树篱，重点是要发挥出植物的特性，也可以设计成高低错落或双层结构等富有创意的树篱。

↑日本吊钟花树篱中混栽着蔓马缨丹，四季变化各不相同。

创意 163 混栽植物增添变化

一般来说，树篱多是由一种植物打造成的，但是特意将不同种类、性质的植物混栽在一起，树篱的趣味性也将大大增加。上图中，日本吊钟花的树篱中混栽着蔓马缨丹（开紫花的藤本植物）。春季有吊钟花的可爱新芽，夏季有蔓马缨丹的粉色花朵，秋季有吊钟花的浪漫红叶，而冬季蔓马缨丹依旧绿色常在。

树篱
将树木成列种植后修剪造型而成。

黑星病
导致植物长出不规则黑褐色斑点、叶片脱落的病害。

创意 164 取掉绿篱的支撑物

在最初搭建树篱时，需要用圆木和竹竿作支柱，但当3~4年后枝叶繁茂后，就应将圆木与竹竿取掉。此外，固定时使用的棕绳会随着植物生长陷入树干和枝条中，导致树木枯死，因此及时将绳子取掉也十分必要。修剪应每年进行3次，树篱会越发枝繁叶茂。需注意，红叶石楠易患黑星病，不要忘记施用杀菌剂。另外，1—3月勿忘施肥。

创意 165 笔直的树篱可增加纵深感

长长的入户小路侧面，有一排日本吊钟花树篱。树叶颜色会随季节而变，颇有意趣。

➔ 小路侧面的树篱，直线造型增加了纵深感。

↑ 日本吊钟花的后面为红叶石楠，前方的矮草为麦冬。

创意 166 在栅栏上牵引藤本植物形成树篱

横条木栅栏上覆盖着常绿藤本植物紫一叶豆，如同一道优雅的树篱。紫一叶豆 12 月至次年 2 月会绽放白色、紫色、粉色的小花，不易生害虫，很适合庭院栽种。

↑ 紫一叶豆的花。

创意 167 高低错落的树木彰显雅致

沉稳的石砌围墙前栽种着一排树木。高挑的斑叶树木为日本四照花和具柄冬青，低矮的树木是马醉木。高低落差之间更体现了围墙的雅致。

在木质凉台上栽种植物

木质凉台被称作第二个起居室，近来非常受欢迎，与植物的适配度也非常高。不仅可以在凉台打造花坛，还可以依据凉台的视野布置庭院的栽种空间。

创意 168 木质凉台内、棚架上均可栽种植物

上页图中，前方是枇杷树，凉台深处的地板被挖开，其中栽种着开白花的日本四照花‘银河’，但此树秋季可结果、叶片也会变红。左侧前方的棚架上安装着园艺网格，白色的木香花正依附其上。矮木栅栏的上方搭建了一个可摆放盆栽的花台。

创意 169 木质凉台宜栽种耐旱植物

栽种着植物的木质凉台是夏日避暑的好地点。但是凉台下方的土壤非常干燥，四照花等不耐干旱的植物不应种在此处。推荐栽种枫树、大柄冬青等耐干燥的品种。此外，不易滋生害虫的落叶树也极为适合。

创意 170 木质凉台让小空间变得舒适

无论多么狭小的庭院，如果能使所有空间都得到充分利用，那么庭院的价值就能大大提升。图中墙壁和栅栏之间的狭小空隙中加装了一块木质凉台，栽种上白皮喜马拉雅桦和日本四照花，能有效遮挡酷热的阳光。另外，将凉台挖空一块并在其上制作了一个小箱子，既能用作植物收纳，也能用作椅子和挡板，甚至还能晾晒被子。

创意 171 高度落差 让栽种空间更多元

将后方的平台架高，并设置了台阶，让小朋友可以安全地跑上跑下，是一个具有童趣的小庭院。在花坛中种上植物，让庭院更赏心悦目。

创意 172 迷你花坛

在木质凉台中设置了一个小花坛，并在其后立起了一扇花架。其中栽种着冬季开花的铁线莲（常绿品种），可遮挡外部视线。后方的日本四照花从木地板下方生长出来。

创意 173 先种好植物后再搭建凉台

无论是何种平台，都应先栽种好植物后再进行施工。图中的黑色垫子为防草布，托梁使用的是防腐铝材。栽种的植物为具柄冬青。

创意 174 无须打理的低矮平台

前后平台之间略有高度差，让空间多一丝趣味性。前方的低矮平台内铺设了防草布，托梁采用了防腐铝材，无须费心打理。

木质凉台的托梁以铝材为佳

如果凉台托梁使用普通的木材，那么几年之后就会如左图一样开始腐烂。因此，托梁最好选用铝材。

缘廊
指日式建筑物外侧的露天短廊。一般搭设在日式房屋的落地平开门外侧。

托梁
支撑地板的方形建材。

创意 175 保证木质凉台空间宽敞

在设计之初就应尽量确保木质凉台空间宽敞，便于日后使用。若平台宽度仅与缘廊相似，就失去了搭建的意义。如案例所示，可留下一半左右的草坪，在另一侧修建大小合适的凉台，换一种思路将庭院更充分地利用起来。

创意 176 利用木质凉台提高庭院的实用性

凉台的材质和形状多种多样，左侧图中的凉台被用作晾晒衣物与被子的场所。栅栏外侧的空间可当作长椅，也能摆放花盆，实用性极强。台阶设计在凉台内部，侧面的扶手让上下楼梯更安全。

⬆ 铁梨木制成的平台。栅栏外侧的空间可以用作长椅或花台，实用性极强。内侧可晾晒衣物。内置台阶（图片正中）旁的扶手增加了安全性与便利性。

⬆ 在木质凉台下方加装上小门，变成收纳空间。

⬆ 里面收纳了水管。

创意 178 加装小门变身收纳空间

在木质平台下方安装上小门，就摇身一变成为一个收纳空间，既能大大提升空间利用率，又能让外观更整洁。

创意 177 在平台上搭建花台

在木质平台上搭建起花台，便可以在此享受园艺的乐趣。下方的收纳空间赋予花台更多的功能。此外，空调室外机若摆放在平台之上，频繁的震感会让人觉得心烦。因此将木质平台挖空一部分，在其中摆放空调外机并用花台遮挡起来，这样视觉上也更加美观。

创意 179 凉台和栅栏下方也可栽种植物

在木质凉台和木质栅栏下方的狭小空间中种上藤本植物，能增添不少意趣。与能开花的一年生草本植物搭配在一起，就能带来四季不同景色的丰富乐趣。

⬅ 木栅栏的下方种着藤本植物铁线莲和一年生草本植物三色堇。待枝条攀附在绿色的金属网格上，一个立体的小花园便形成了。

创意180 树木与木栅栏构成清凉的屏风

略狭小的庭院（宽约1.2m）中搭设了一块木质凉台和栅栏，让小狗可以来回奔跑。内侧是隐私空间，外侧则是宠物天地。庭院中的主角是青冈树。横条栅栏也正好能保护起居室隐私。

↑斑锦顶花板凳果。

→栅栏与起居室视线高度一致，可遮挡隐私。

↑树木从左至右为红花檵木、青冈树，低矮的草花为斑锦顶花板凳果。

创意181 在木质凉台内打造花坛

下图为木质凉台内拥砖头围出一块空间打造花坛的实例。这样在室内也可以欣赏花草。

在木质凉台上栽种植物

创意182 打造观赏空间

在木质凉台中设置一块亚克力板，在其下方种上植物并配上照明灯光，便成为一个特别的观赏空间。也可在亚克力板下方打造一个小水池。

在棚架、格子栅栏、拱门上牵引植物

棚架、格子栅栏、拱门，是花园中最有人气的装饰建筑。通过牵引藤本月季等植物，即使空间狭窄，也可打造一个立体花园。

After

↑ 改造后。左侧为格子栅栏，中间为不规则花坛，右侧为拱门。

创意 183 令园艺更有趣的棚架和拱门

图中住宅拥有一个朝南的庭院，院子中有一处低矮的红砖花坛。应屋主“适合栽种月季的庭院”这一需求，我们进行了改造：在庭院入口搭建一个铁艺拱门，将藤本月季牵引其上，将花坛加高，并在角落建造了一处弧形矮墙，做成了双层花坛。南侧为花架式的木栅栏，遮挡来自道路方向的视线。格子栅栏不会影响日照与通风，植物也能够健康生长。

↑ 花坛中为鹅河菊、异果菊、骨子菊、马鞭草等植物。

↑ 改造前的低矮花坛。

创意 184 攀爬至屋檐的铁线莲

棚架式的屋檐下方为车库。砖块搭成的花坛中种着铁线莲，沿支柱而上，一直攀爬至屋檐。

植物清单

创意 185 棚架与格子栅栏组成立体花园

图中的棚架能遮挡夏季的炎炎日光。在格子栅栏上悬挂花盆，享受立体的园艺乐趣。

迎接客人的温馨棚架

玄关前的棚架上攀缘生长着木香花，悬挂起来的盆栽中是蔓长春花，最前方的矮栅栏上攀附的植物是加拿利常春藤。

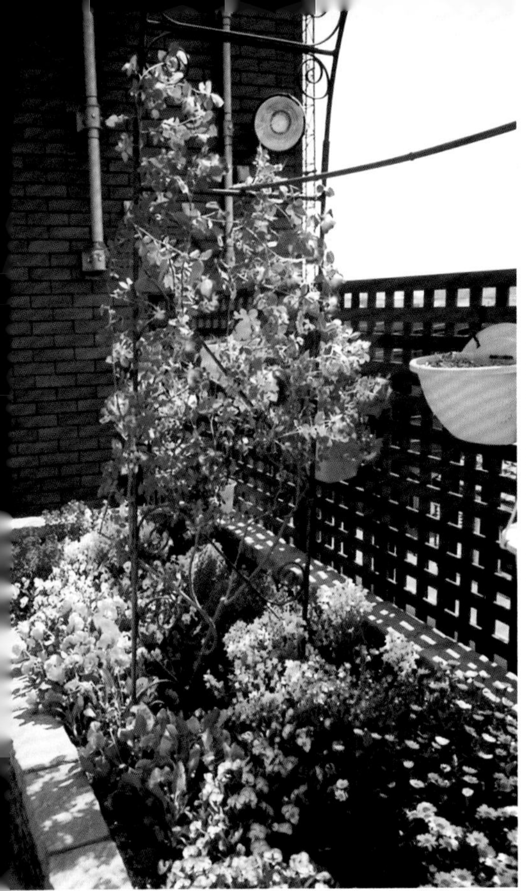

沿着花架攀缘而上的花草。

在棚架、格子栅栏、拱门上牵引植物

创意187 打造浪漫的月季拱门

覆盖着拱门的藤本月季‘鸡尾酒’。

公寓屋顶上的月季拱门。红色月季在蓝天下绽放，它们攀在铁艺拱门之上，生气勃勃地生长着。铁艺拱门结实耐用且造型美观，为屋顶花园增添了一抹亮色。

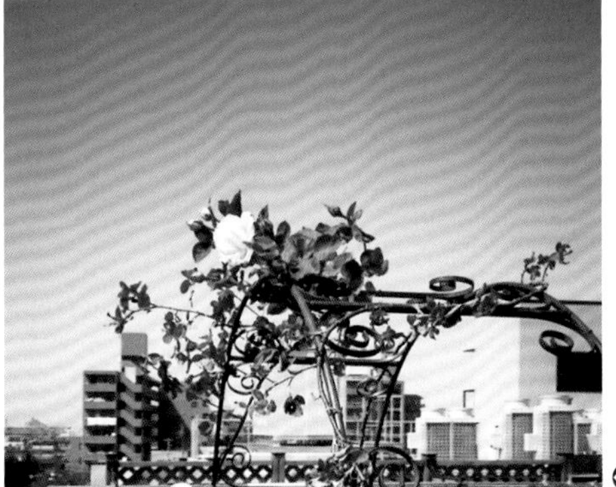

创意188 将铁线莲和素馨叶白英牵引于塔形花架上

一个设计巧妙的前庭花园。施工前便计划好了花坛的布局，将塔形支架安置在了一个较深的花坛中，并用混凝土牢牢固定。将铁线莲和素馨叶白英牵引其上，这样便能一年四季尽情赏花。下方开黄花的是酢浆草，是花期较长的宿根植物，不必过多费心照料。旁边的花坛中栽种着一年生草本植物。

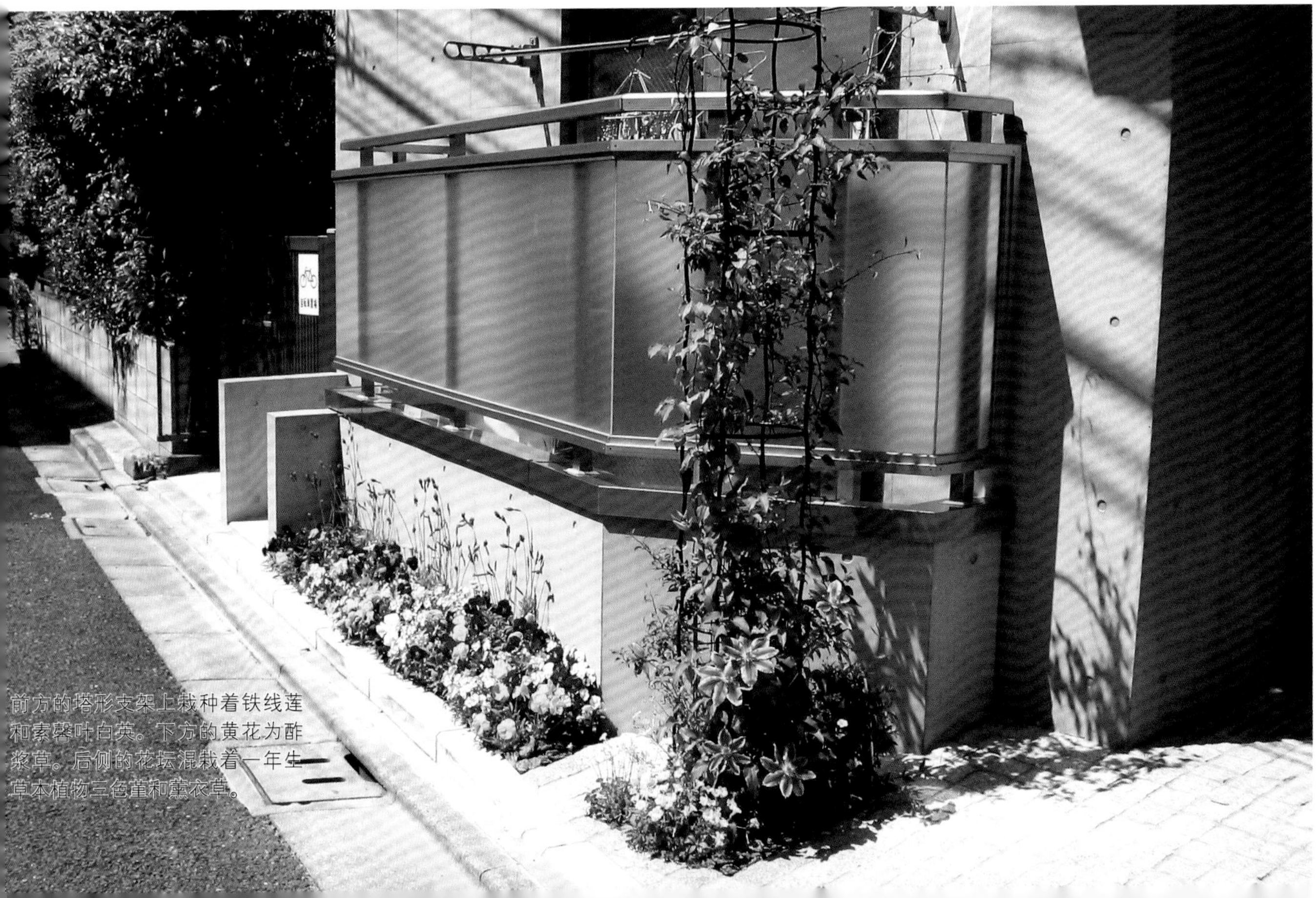

前方的塔形支架上栽种着铁线莲和素馨叶白英。下方的黄花为酢浆草。后侧的花坛混栽着一年生草本植物三色堇和薰衣草。

创意 189 用棚架打造适合休憩的庭院角落

庭院角落有处棚架，藤本月季攀附其上，十分惬意，是一个正适合小憩的场所。从木质凉台的角度看去，棚架亦是庭院的设计亮点。

创意 190 用大型植物装饰塔形支架

庭院中有一个高大的塔形花架，四周混栽着各色宿根植物。塔形支架上攀缘生长的为素馨叶白英，中央为凹脉鼠尾草，前方为法兰绒花，它们全部是大型植物，未来的模样值得期待。

创意 191 自然风格的木质拱门

木质拱门既可以像图中一样安置在玄关前，也可以和挂在墙上的格子屏风搭配起来，让藤本植物攀附生长。

创意 192 迎来送往的浪漫月季棚架

门前搭建的月季棚架，用华丽的身姿迎接客人。挑选植物时应先明确目的，而后依据目的选择适合的构造物与植物，并将二者和谐地搭配在一起。

开满月季的拱门。黄色与红色的月季交错，用花香迎接客人。

攀爬着藤本月季的塔形支架。

创意 193 牢牢固定塔形花架

在庭院中安装塔形花架时，如果仅仅是将底部插入泥土中，那随着植物生长逐渐变大变重之后，花架很有可能会被风刮倒，因此应像图中一样用混凝土将其固定好。

用混凝土固定花架底部。

创意 194

利用花架打造绿墙

在花架上牵引藤本植物，既可以遮挡阳光、保护隐私，又可以美化建筑外观。在牵引藤本植物时，由于藤蔓很难缠绕在柱子上，可以用网格将柱子包裹起来，方便植物攀爬。待植物生长茂密之后，就能将柱子完全覆盖起来。

绿墙
在窗外或墙壁上，利用攀缘植物制成的幕墙。茂密的叶片阻挡了阳光直射，蒸腾作用带来的水蒸气可以抑制夏季室内温度的上升。

木香花（白色、黄色）。

藤本植物

- 藤本月季
- 木香花
- 铁线莲
- 紫一叶豆
- 葛枣猕猴桃
- 忍冬
- 素馨叶白英

在棚架、格子栅栏、拱门上牵引植物

在花棚支柱上包裹网格。

常绿铁线莲‘小木通’。

树木屏风让生活更自在

为了保护玄关和起居室等空间的私密性，需要一些遮挡视线之物。但如果用围墙将住宅四周围起来，又难免产生压迫感，令人无法放松。因此，建议选用树木屏风。巧妙地挡住外界视线的同时，也为路人带来一丝愉悦。

创意 195 用树木与栅栏不经意地遮挡凉台

木质凉台是极为重要的生活区域，可以栽种植物、停放自行车、晒干衣物……其作用不胜枚举。如果是如上图一样面向道路的凉台，缺乏遮挡会让路人一览无余。可以安装栅栏阻碍外部视线，或者通过种植树木（或摆放盆栽）转移目光焦点，令路人的视线无法到达凉台和起居室。这样自然的遮挡可以令屋主的生活更加自在舒适。

↑ 用树木遮挡邻居的视线。

创意 196 适合作屏风的常绿树

窗边有一棵可以结出果实的常绿树——具柄冬青，为住户带来了一些安心感。

创意 197 巧妙遮挡视线的栅栏与植物

窗前安置了竖条栅栏，前方栽种上可爱的植物。路人的视线将聚焦于植物，极为自然地遮掩了屋内空间。

创意 198 两棵红山紫茎组成的屏风

道路与房屋之间的狭小空间中种植了两棵红山紫茎，看似稀疏但已足够遮挡外界视线。从道路方向看去，氛围十分柔和。即使树木将来生长得更加高大也并无影响。红山紫茎初夏开白色单瓣花，秋季树叶变红。

隐藏有碍美观的物品

打造庭院时以兼顾实用性与美观性为最佳。注重实用性，打造一个使用方便的庭院，能使日常生活更加舒适。将影响美观的物品巧妙地隐藏起来，构思一些让空间悦目且宜居的小创意吧！

⬆⬇ 用竹篱遮挡视线的日式庭院。

创意 199 “挡上露下”才是最佳隔断

遮挡视线的隔断有很多种类，比如围墙、栅栏、竹篱等，但最为理想的隔断应该要“挡住上方、露出下方”。图中竹篱的上半部分为排列紧密的竹篱，下半部分为方格竹篱，上方可以阻隔外界视线，下方可以保证植物通风顺畅，同时还能隐约透露出生活气息。若是从上至下完全遮挡起来，会产生一种封闭的压迫感，感受不到生活气息，既不透风阳光也无法穿透，植物无法健康生长。

从侧面看去，内部空间被完全遮挡。

从正面看去，内部空间仅隐约可见。

创意 200 竖条栅栏可兼顾保护隐私与通风

选择板材竖向排列的栅栏，既可以保证通风，又能有效遮挡外部视线。通风良好的栅栏对植物和生活均大有益处。

创意 201 过密的植物会适得其反

用植物遮挡外部视线的优点颇多，但同时也有一些缺点需要注意。如果植物生长过密，会使通风与光照变差，因此要在植物生长得过于繁茂之前进行修剪。

过度生长的植物影响采光，也不卫生。

修剪过后清透的树篱。视觉通透，通风顺畅。

创意 202 巧妙隐藏窨井盖与水表箱

窨井盖和水表箱由于需要定期检修，不能将其彻底覆盖起来，但如果放置不管又会影响庭院的美观。若想移动下水道与水表，又要额外花费不少施工费。左图的案例中，就没有移动窨井盖的位置，而是在上方加盖了一个阳台。阳台外沿隐约露出了窨井盖的边缘，使窨井盖可以开合自如。

施工前裸露在外的窨井盖。

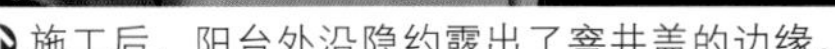

施工后，阳台外沿隐约露出了窨井盖的边缘。

创意 203 有效隐藏混凝土地基

栅栏和支柱的混凝土地基在从建筑构造上来讲是必不可少的，但裸露在外又实在有碍观瞻。左侧右图中斜格栅栏在施工时似乎忽视了外观造型，使混凝土地基直接露出，甚至无法在此建造花坛遮挡。因此我们在上方铺设了铁梨木制成花台，将其四周改为了花坛，并安装了 LED 灯以便欣赏花园夜景。

施工后用铁梨木搭建了花台，四周改造成花坛。安装了 LED 灯以便欣赏夜间花园。

施工前混凝土地基裸露在外，无法建造花坛。

创意 204 巧妙隐藏有碍美观的物品

煤气表和空调外机等物品需要定期检修，不能将其彻底覆盖起来，但如果放置不管会影响庭院的美观。若想移动它们的位置，又要额外花费不少施工费。右图的案例中，用铁梨木将煤气表遮挡了起来，下方设计为可打开的木门，查表或检修也很方便。

隐藏有碍美观的物品

施工前裸露在外的煤气表。

施工后用铁梨木挡住了煤气表，并在下方安装了木门以便维修。

创意 205 将雅致的储物间当作屏风

如果与邻居之间用高大的栅栏当作遮挡视线的屏风，并不美观。这种情况下可以搭建一个雅致的储物间，既能用来遮挡视线，也能储藏杂物，在尊重彼此情感的基础上保护个人隐私。

长椅兼屏风。

储物间兼屏风。

创意 206 被隐藏的储物间

我们常常会见在庭院中到质感生硬的钢质储物间。右图中的储物间被木栅栏遮挡了起来，并用相同材质的木条制作了储物间外壳。这种为了美观而进行的施工也算是一种“化妆”。使用的材料为免打理的铁梨木，木门也是相同材质，令庭院整体更加和谐统一。木栅栏上方安装了顶灯，方便夜间轻松工作。

常被忽视的园艺小技巧

创意 207 铺设草坪应避开大树根部

小草在日照充足的位置才能健康生长，因此铺设草坪时要避开树底等太阳照不到的地方。

⬆ 庭院的草坪。开放式的围栏令草坪日照充足，长势旺盛。

创意 208 在落叶树下方栽种植物

适合用于衬托落叶树（图中为日本四照花）的配角植物包括麦冬、一叶兰、绣球、玉簪等。

创意 209 藏在麦冬中的植物

在日式庭院中，常将麦冬用作地被植物，但也不妨在其中混种一些玉竹、全缘贯众、桔梗，让花坛更具趣味。

创意 210 与日式、西式庭院皆相配的斑叶植物

日式庭院中常需要搭配有日式风情的植物。而玉簪这类植物，与日式或西式庭院都极为般配。绿叶筋骨草在日式、西式庭院中皆可使用，而斑叶筋骨草则更适合西式庭院。一叶兰、大吴风草、顶花板凳果、箱根草、金钱蒲等原本常运用在日式庭院的植物，由于斑叶品种的出现，也越来越多地进入了西式庭院之中。

创意 211 用花台自然地遮挡室外机

为遮挡两个裸露在外的空调外机，设计打造了两个花台。考虑到庭院的日式风情，材料选择了人工竹，既不会影响散热，还可在其上摆放盆栽。

↑ 三足赤陶盆，不易滋生害虫也不易弄脏地面。

创意 212 将花盆架高以防弄脏地板

在玄关等需要保持地面干净的位置，可以选用花盆脚架、支架或带足花盆来摆放盆栽，这样不易弄脏地面。

植物清单

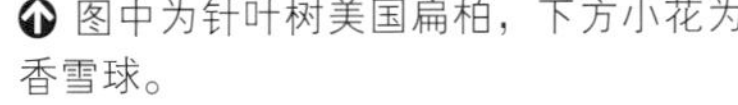

↑ 图中为针叶树美国扁柏，下方小花为香雪球。

创意 213 温暖地区应仔细养护白桦树

白桦树为原生于寒冷地区的树木，在温暖地区生长极快，且易受天牛侵袭。快速的生长导致树干柔软，进而方便了害虫繁殖。图中的白桦树由于没有仔细打理，生长得过大，最终不得不被砍掉。

※ 天牛的防治请参照第 133 页。

天牛的危害

树根出现白色锯屑，树皮出现孔洞，表示有天牛危害，应立即杀虫。

创意 214 狭小的花坛中不要种植乔木

在狭小的花坛中，不宜种植乔木。手指粗细的十月樱苗木在5年之后会长成参天大树。想要拔出大树是一件费力且费钱的事情，并且会导致树木死亡。因此，最好向专业人士请教栽种方法。

狭窄花坛中的十月樱长得过分高大。

将十月樱拔出，改造成栽种花草的花坛。

创意 215 用防草布阻隔杂草

常被忽视的园艺小技巧

在铺景观沙砾之前应先铺一层防草布，这样就能防止滋生杂草。景观沙砾具有不易脏污的优点。防水布和沙砾不会影响其他植物的种植，水分也可以渗透到土壤当中。

景观沙砾
沙砾的一种，表面经过着色、涂装、研磨、切割等工艺制成的沙砾。

在铺设防草布之后再铺上沙砾。黑色部分即为防草布。

防草布铺好之后再铺设地砖，缝隙之间用沙土仔细填满。左侧植物为蓝花鼠尾草。

创意216 全年常绿的免打理人造草坪

许多人认为打理草坪太过麻烦，那不妨试试人工草坪——美观、无须打理，且费用较低。在人造草坪下方铺上防草布，就不用担心杂草的问题，庭院也更赏心悦目。

↑铺设人造草坪后美观度直线上升。

↑施工前地面裸露，苦于杂草处理的状态。

创意217 绿篱下方不要铺设草坪

虽然这是一种十分常见的栽种方法，但是如果像左图中一样，在绿篱下方铺上草坪，那将来的除草等工作将非常麻烦，还会导致草坪与绿篱都难以健康生长。因此，想要铺设草坪的话，可以用石块圈出草坪的范围，以防其生长到绿篱之下。

创意218 便捷的家庭菜园

左图中为庭院中的家庭菜园。用红砖铺成的园路可供手推车顺利通行，也便于打理，非常受这户主人的喜爱。在菜园中也可以设置堆肥箱。

创意 219 花坛高度要适中

右侧图中为花坛砌得过高的例子。如果将石砖无意义地堆高，不仅会妨碍在庭院中漫步，也会挡住花坛中植物的曼妙身姿。当然，还会多花不少费用。

创意 220 合理设置灯光感应器

花园景观灯常常会选用感应灯。植物枝叶过于茂密导致光线变暗的话，也可能出现白天自动亮灯的情况。若是感应器的位置太过明显也会很令人苦恼。因此，应仔细考虑一下感应器应该设置在什么位置。

⬆ 感应器的安装位置（图片正中）。前方是薰衣草。

创意 221 注意花坛石块的宽度

用石块堆砌花坛时，下方石块和顶压板的宽度如果差异过大，顶压板很容易脱落，种植的面积也会缩小。选用右侧下图中宽度相同的石头就能轻松解决问题。设计和施工的环节都要注意石块宽度。

石砌
用天然石块或人工石块堆砌而成的花坛。

顶压板
放置于围墙或门柱最上方的部分。

创意 222 水池给庭院增添生机

如果打算在庭院中砌一个小水池，应尽量砌得高些，最好在住宅中也能清晰地看到水池。水池内侧不要使用沙浆和混凝土，这些材料时间长了后会生出裂纹导致漏水。最好使用树脂制的“成型水池”（专用于埋入地下的水池）。

⬆➡ 砖块搭建的高约30cm的池塘，在其中嵌入了“成型水池”。

适时进行修剪

After

标志树和树篱给庭院增添了许多魅力。但若不加以管理，就会产生树木过高、日照变差、滋生害虫等问题，甚至会给邻居造成麻烦。因此必须不时进行修剪。虽然也可以自己修剪，但操作难度较大时，不妨将这些工作交给专业人士处理。

当花期结束后果断地进行修剪。

创意 223 大胆修剪枝条过长的贝利氏相思

当花期过后，可以果断地修剪掉一些枝条。尤其是近年来越来越常见的进口树种，比如贝利氏相思、椤叶槭、黄栌等均可以大刀阔斧地修剪。修剪时期因树而异，落叶树应在落叶期，常绿树则除酷热时节之外全年皆可修剪。草花也应在花期过后修剪。

➔ 近来很有人气的贝利氏相思。放任其生长的话，就会变成图中这样。

创意 224 定期打理树篱

树篱如果不定期打理也会变得非常麻烦。树枝不停生长，延伸至路上的过长枝条会妨碍行人，还会挡住窗户与煤气表等，也更易滋生害虫。适度地修剪树篱，当枝条过长时可以将其彻底剪去重新造型。

西侧的羽叶花柏树篱过度生长，彻底遮住了窗户，导致屋内不透光。

创意 225 用栅栏约束过于茂盛的树木

长势过旺的树木如果不精心照料，就会成为害虫的温床。果断地进行修剪，然后架设起栅栏，明确树篱的外侧生长空间，也能使内侧木质凉台的利用效果得到提升。

改造之前枝叶肆意生长，珊瑚树（前方）滋生害虫，叶片正逐渐脱落，已回天乏术。后方为木兰、丹桂。

改造后，加装了一道铁艺栅栏。将珊瑚树替换成红叶石南，视觉上利落通透，通风也更加顺畅。

创意 226 谨慎修剪常绿树

常绿树的冬季修剪是必不可少的，修剪时尽量以改善通风情况为主。如果使用长柄修枝剪，很难修剪到树冠中部的枝条，从而导致通风不畅、枯枝增多。

创意 227 每年打理两次树篱

修剪后的树篱。

过于茂盛的日本扁柏树篱。

用于保护隐私的高大树篱，每年需要打理 2 次，并且每 2~3 年需要检查一次防风装置的状况。

防风装置
用竹子、圆木、铜丝、金属等材料等固定树木，防止树木受大风损伤。

★可用于遮挡外界视线的较高树木
粉花绣线菊、紫叶风箱果、紫叶双花木等。

创意 228 生长缓慢的树木最好交给专业人士打理

交由专业人士打理后之后变得非常清爽。

日本冷杉过于茂盛，从起居室无法看到外面的景色，通风情况也很差。

生长比较缓慢的树木，尤其是需要保持树形的树木，修剪最好交由专业人士进行。修剪时要重视其原本的姿态，甚至让人无法察觉修剪后哪里发生了变化。

★生长缓慢，需要保持树形的树木
日本冷杉、云片柏、全缘冬青、厚皮香、松树等其他乔木。

创意 229 藤本植物的修剪要大刀阔斧

修剪前的日本野木瓜。

2 月下旬前后彻底进行了修剪。

4 月开花，长出新叶，重新织成绿篱。

修剪藤本植物时，要果断地将枝叶剪掉。上方图中为藤本植物日本野木瓜，在 2 月下旬进行修剪，4 月开花、长叶，重新织成一片绿篱。

★藤本植物
藤本月季、木香花、铁线莲、紫一叶豆、葛枣猕猴桃、忍冬属、素馨叶白英等。

创意 230 为常绿观叶植物进行缩剪

阔叶山麦冬、箱根草等以观叶为主的常绿植物，应在早春 2 月剪去上方所有叶片，让叶片全部换新，长成更优美的姿态。

★观叶常绿植物
阔叶山麦冬、麦冬、细竹、箱根草等。

缩减后的箱根草。

重新长出叶片的动人姿态。

创意 231 长势旺盛的树木应在早春及时修剪

光蜡树等生长速度快的树木，应在每年早春时节及时修剪枝条，否则它们的长势会很快。

光蜡树过于茂盛，从起居室看不见窗外的风景，通风情况也很差。

★生长速度快的树木
光蜡树、月桂、小蜡等。

早春时如图中一样果断剪去树枝。

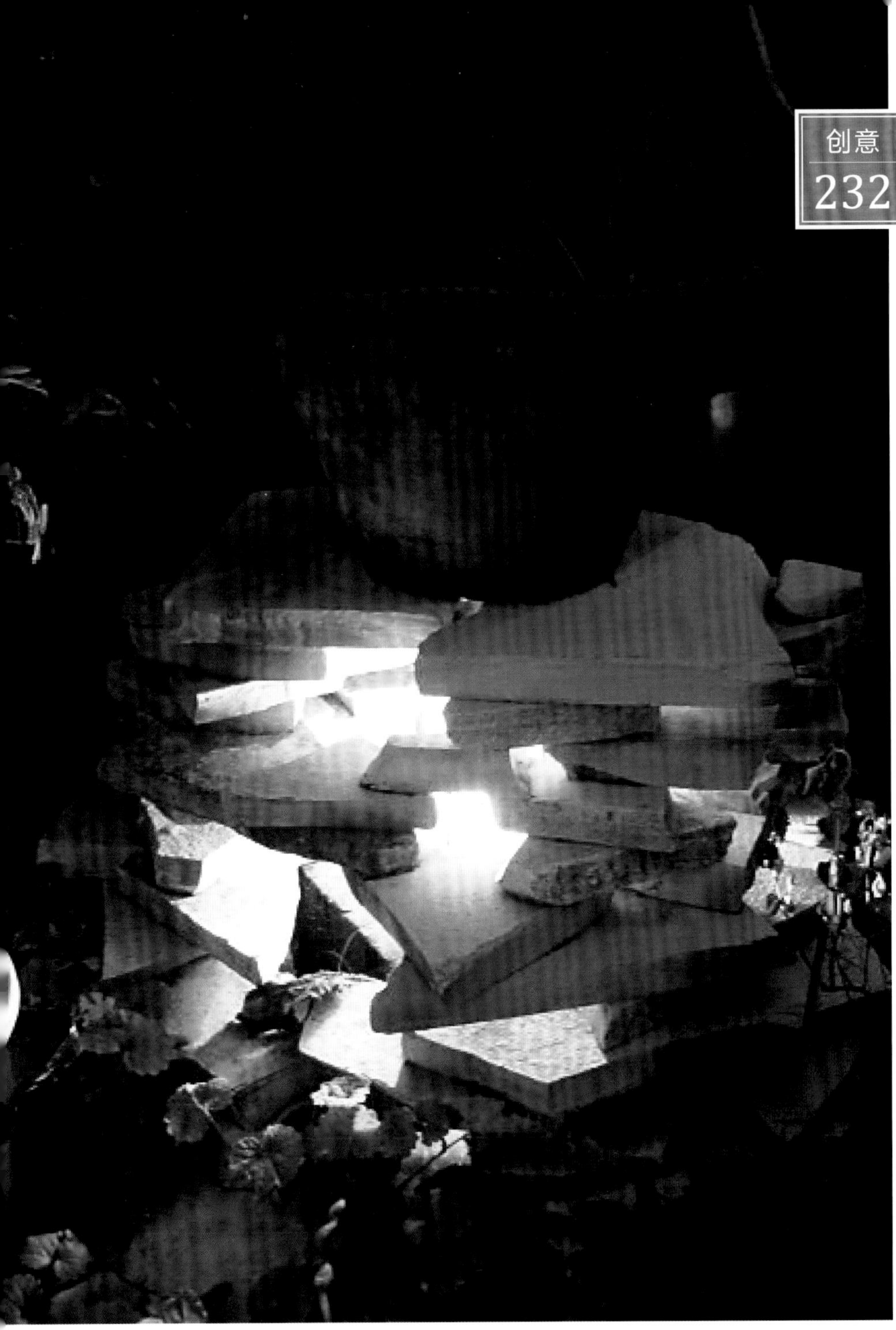

原有植物与废弃材料的再利用

改造庭院时，原本的植物、石头、砖瓦、瓷砖何去何从成了一个问题。直接丢弃掉的话太过可惜，不妨加些创意，将它们二次利用起来吧！

创意 232 用施工废材搭建的独特灯台

用庭院施工时留下的废弃材料制作了一个花园灯台，上方可用于摆放盆栽。

↑ 用施工留下的废石料搭成了灯台。白天在上面摆放花盆，赏花弄草。

← 夜晚的灯台显露出不同的气质，让庭院更具疗愈气息。

创意 233 缓坡侧面用废石料装饰

考虑到家中有老年人，入户小路做成了柔缓的斜坡。侧面颇有童趣地立着一些废弃天然石材，中间则作为花坛。高于马路的玄关设计，既吸引了大家的目光，又保护了住家隐私。

创意 235 漂流木制成的自然花台

将削下来的漂流木边角材料制作成花台，不规则的切面十分契合自然风格。

创意 234 将栅栏的边角材料改造成网格

斜格栅栏的边角材料改造成网格，缠绕其上生长的紫一叶豆非常素雅。

创意 236 旧树桩作花台

将高大粗壮的日本花柏砍断，留下了树桩作为花台。摆放于其上的盆栽植物为薜荔。

用旧石臼改造的庭院。

↑ 兽面瓦中安装了 LED 照明。

↑ 白天也可作为庭院的装饰。

创意 238 让古旧的兽面瓦焕发新生

古老的瓦片、石臼、水钵可以进行多种形式的再利用。比如，用旧瓦片砌成花坛或园路的隔断，将石臼用作铺路石，或把水钵改作花坛等，截然不同的利用方式不胜枚举。上方图中的兽面瓦已有超过 150 年的历史，加装了照明灯将其改造成庭院装饰。

创意 237 将旧石臼铺放在园路上

改造庭院的时候，不妨将瓦片和石臼等旧物件重新利用起来。上图中即是石臼再利用的实例，古朴中透出别样的意趣。

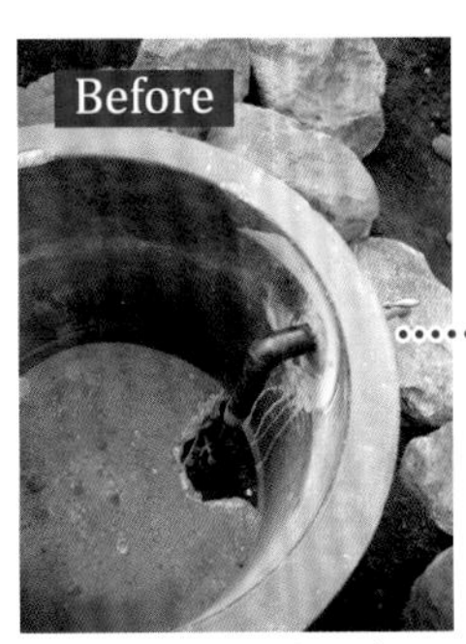

↑ 原本用于防火的容器，在上面加装水龙头后就成了一个小花坛，其气质中带有一丝古朴感。

创意 239 将废弃花盆改造成花坛

废弃的花盆等容器不要立刻丢掉，经过一番巧妙的改造后，就能变身雅致的花箱或立水栓。

创意 240 旧赤陶盆和石臼花台是庭院的亮点

将无用的旧石臼改造成花台。赤陶盆则做成形似花盆的立水栓，上方用于栽种植物，下方接通供水管道装上水龙头，既实用又可爱。

↑ 闲置的旧石臼。

↑ 安装上水龙头后的状态。

↑ 花箱式立水栓完成。

← 在石臼上摆放立水栓，并种上植物。花箱中有鞘蕊花、麻兰、络石、香蜂花、青葙、长春花、勋章菊、紫金牛，右侧树木为东北红豆杉。

创意 241 碎花盆的再利用

碎裂的大号花盆可以再次利用。如左下图所示，将碎片的边缘相互摩擦，使其不割手即可再次利用。在碎花盆中种上心仪的花草，大概一个月后花朵就会像右图一样覆满花盆，让人看不出曾经碎裂的模样。

创意 242 在旧器皿中打造一个迷你生态花园

旧花盆等器皿经过巧妙的再利用可以焕发生机。右图中，在泡沫箱中种上水草（南美天胡荽），下方坠一块石砖然后放入盛满水的花盆中。水草就仿佛浮在水面一般，非常别致。在花盆中养几条鳉鱼可以防止水变脏。这样，一个小型生态空间就完成了。

↑ 闲置的旧花盆。

↑ 在泡沫箱中种上水草（南美天胡荽），下方坠一块石砖。

→ 将泡沫箱放入盛水的陶壶中，即成了一个迷你生态花园。

用灯光点亮夜间花园

植物在夜间照亮入户小路的玄关灯或照亮花园的庭院灯的映衬之下，展现出与白天不同的风情。其夜间的姿态令人充满幻想，却也令人心绪宁静。

创意243 从内外皆可欣赏的夜间花园

面向道路的一侧栽种了一排树木，形成一道屏风，下方的灯光令夜晚的树木变得梦幻起来。此外，在栅栏中安上夜灯，从室内也能欣赏夜景。

植物清单

创意 244 点亮如花台般的花园木桌

在木质花园小桌的中央开孔，将其改造成花台，下方放入防水灯具，到夜晚便成了装饰灯。

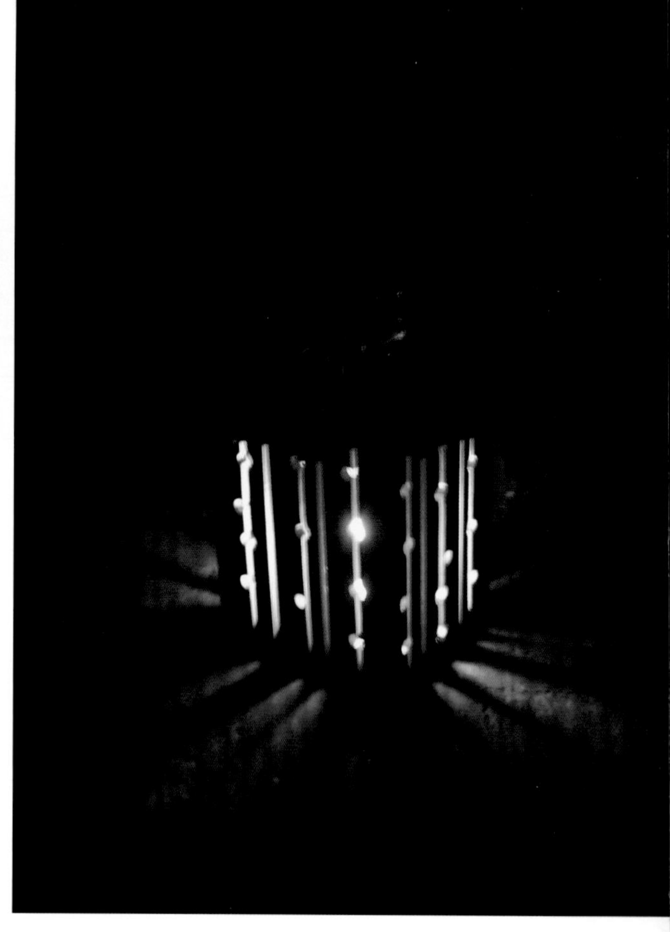

创意 245 安装定时器令灯光自动照亮

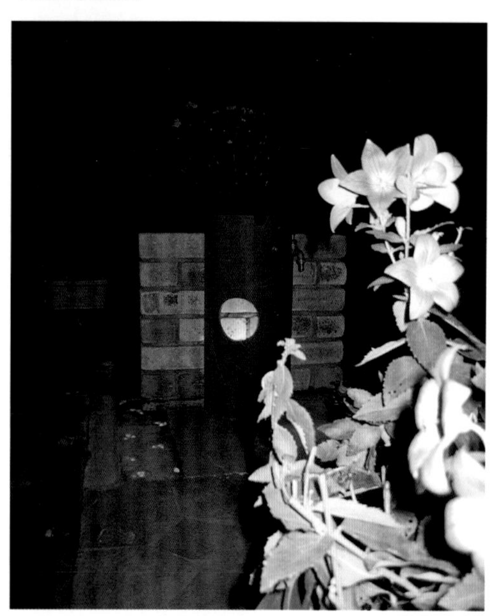

在立水栓中安装了带有自动定时器的照明灯，夜间会自然亮灯。一些小创意让夜晚的庭院更有趣。前方的花是桔梗。

创意 246 景观灯的朦胧光亮增添了氛围感

植物清单

用多彩的叶片为庭院增色

叶片颜色美观的植物被称为“彩叶植物”，也有一些植物的枝条颜色会变化。这些植物能让庭院更加丰富多彩。

创意 247 用紫叶与银叶制造亮点

紫叶和银叶植物能够成为绿植中的亮点。左侧树木为紫叶欧洲水青冈，右侧为含笑‘波特酒’

创意 248 用锦化大花六道木装点花坛

锦化大花六道木生长速度慢，近来常被种在乔木脚下，让花坛更加多彩。

叶色不同的彩叶植物。

创意 249 在半日照处栽种彩叶植物

如果花坛处于半日照环境中，可以用鞘蕊花等颜色靓丽的彩叶植物来为空间制造增添变化。

创意 250 叶色变化的银叶矢车菊

银叶矢车菊为多年生草本植物，花朵呈紫色，树叶颜色呈现出白、黑、黄、绿、红多种变化。

创意 251 利用枫树树枝颜色的变化

有些植物在受寒后，树枝条颜色会发生变化，比如日本枫树‘美峰’或枝条可变红的鸡爪槭。下方为三角紫叶酢浆草，花朵呈白粉色。

享受香气，欣赏树形与果实

创意 252 欣赏常绿树的树形

常绿树一年四季都可以欣赏树形。后方为常绿树香港四照花，前方是红花檵木。近来有许多庭院中栽种着四照花和含笑‘波特酒’（紫花）等常绿树。‘波特酒’有一种香蕉的香气。

创意 254 观赏小冠薰的果实

小冠薰既可观叶，又可观果。左侧为朱砂根，前方粉色的草花为柳南香，它从初秋开花至冬季。

创意 253 鹅耳枥的有趣果实

鹅耳枥会结出如图片中一样的果实，从夏季至秋季都可以欣赏到它的可爱模样。

化学复合肥料
通过化学方法合成的无机肥料。

骨粉
将牛、猪、鸡等动物的骨头碾磨成粉状制成的有机肥料。

创意 255 果实累累的橄榄树

近年来，橄榄树越来越受到大家的喜爱。在温暖地区，橄榄树可以在秋季结果。很适合具有普罗旺斯风情的花园。

橄榄果实。

创意 256 可结果实的日本四照花‘银河’

四照花的果实。

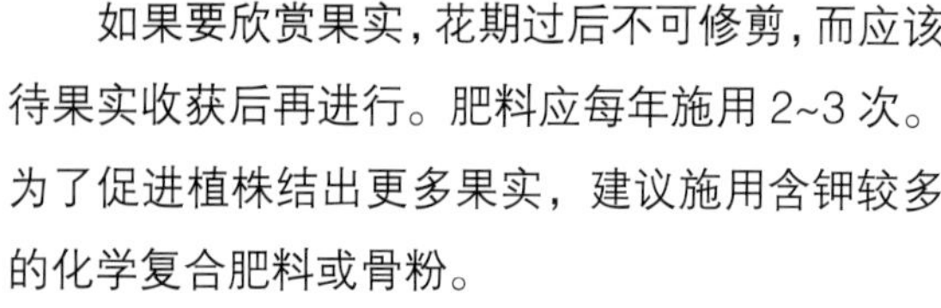

如果要欣赏果实，花期过后不可修剪，而应该待果实收获后再进行。肥料应每年施用 2~3 次。为了促进植株结出更多果实，建议施用含钾较多的化学复合肥料或骨粉。

创意 257 为唐竹做艺术造型

通过人工修剪枝叶，可以使唐竹形成图中的造型。在 5—6 月进行修剪后，树叶将重新长出，树形会更加完美。

南美棯的果实压弯了树枝。

创意 258

可赏花品果的南美棯

南美棯常用作庭院树木或树篱。虽是原产于南美的外来树种，但耐寒能力强，在中国很多地方也能健康生长。初夏会开出美丽的花朵，果实甘甜芳香，可直接食用或制成果酱。

香甜的南美棯果实。

创意 259

温暖地区的果树

在略宽敞的庭院中，可以试着种植一些适用于温暖地区的果树，比如樱桃。请栽种于庭院的中央，果实的味道十分香甜。

创意 260

观赏罕见的竹花

小小的白色花朵便是竹花。

左图中便是竹子的花朵。它被称为“死亡之花”，因为开花就预示着竹子的枯萎，是较为罕见的花朵。

创意 261 新奇罕见的花朵让庭院更独特

罕见的苏铁花，苏铁好几年才会开一次花。

山桃‘源平枝垂’。一株可开出红、粉、白、渐变等多种颜色的花朵。

黄花木角斗栎。树叶呈黄色，如同花朵盛开一般。在长出树叶的同时也会冒花芽，其优美的姿态非常夺目。黄花木角斗栎也是具有美好寓意的吉祥树。

享受香气，欣赏树形与果实

槭树的同属植物梣叶槭。下垂的花朵非常可爱。4 月开花，之后会结出果实。

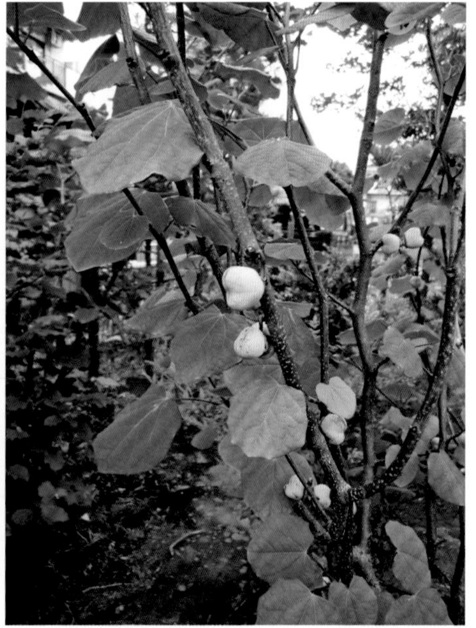

双花木。12 月会开出红色的奇异花朵，而后结出心形果实，带有一种不可名状的可爱气质。

吉祥树
具有吉祥寓意的树木。
- 橄榄（象征和平）
- 月桂（胜者王冠）
- 松竹梅
- 东北红豆杉
- 槐树
- 铁冬青
- 石榴（多子多孙）
- 草珊瑚
- 朱砂根
- 南天竹

杂色花
同株上开出不同颜色的花朵。

花芽
能发育成花的芽。

用草花与地被植物装饰地面

低矮的草花和覆盖地面的地被植物，是衬托乔灌木的最佳配角，大片种植时就如同绿色的绒毯。

↑ 在小路与花坛、马路之间栽种低矮的绿植。

在石砖小路边种植宿根植物

在石砖边缘的缝隙中尽量栽种一些宿根植物，用它们覆盖石砖和土壤。小路边缘的麦冬之间种了鬼针草，为石砖和植物之间添加过渡。

↑ 在石砖边缘随意种植绿植。

创意 263 麦冬和步石的绝佳搭配

麦冬经常被栽种在日式庭院中。在摆放跳石时，不要简单布置成直线，交错形式既方便行走也更加美观。

创意 264 用麦冬点缀车库

在车库挡车器的后方，用混凝土布置一片栽种空间，在其中种上麦冬。雨水能从此处渗透入地面，极具实用性。打开后备厢时也能自如地来回走动，还能为车库增添色彩。

创意 265 石板边缘的地被植物

将松叶景天等地被植物栽种在石板边缘，赋予坚硬的石板一种别样的韵味。耧斗菜、过江藤、百里香等植物也很适合栽种在此处。

创意 266 混栽金钱薄荷和一年生草本植物

将金钱薄荷和一年生草本植物斑花喜林草混合栽种。低矮的金钱薄荷之中，斑花喜林草的花朵探出头来，让花坛更丰富多彩。

创意 267 在大树下方种上草花

在大树底下搭配种植一些草花，会让花坛更加有情趣。建议将树木下方的枝条剪去。右图中的花朵为香堇菜。

创意 268 用草花制成立体屏障

树木下方的泥土，一般会用低矮的地被植物将其覆盖起来。草花的精巧搭配能让栽种空间更华丽。

← 针叶树落基山圆柏‘蓝色天堂’（后方）的脚下是百子莲（前方），二者十分般配。

创意 269 在停车场的地缝中栽种低矮的植物

在地缝中通常会栽种麦冬，低矮的细竹也很合适。图中车胎会经过的部分填上了沙砾，而其他部分则种上了菲白竹。每年的2—3 月会修剪一次，这样便能全年保持整洁，也能让植株保持相同的高度。

↑ 车胎会经过的部分填充了石砾，其余部分种了菲白竹。

← 种了菲白竹的草缝。

创意 270 用植物装点地缝

狭窄的缝隙中不仅能种植麦冬，也可以选择一些生长慢、花期长、颜色各异的植物，让庭院更加令人赏心悦目。

← 在缝隙中栽种了不同颜色的植物。从左至右为南天竹、粉花绣线菊。

创意 271 石材与植物的碰撞

在石块等质感生硬的材料一旁，尽量选用叶色变化丰富的植物，这样能更加衬托出石材本身的特性。

石板小路的旁边为美国木藜芦和扶芳藤。

创意 272 用地被植物来防范杂草

地被植物可以在短时间内覆盖地面，这样一来，地面就很难生出杂草，既免去了拔除杂草的麻烦，也让庭院更加美观。

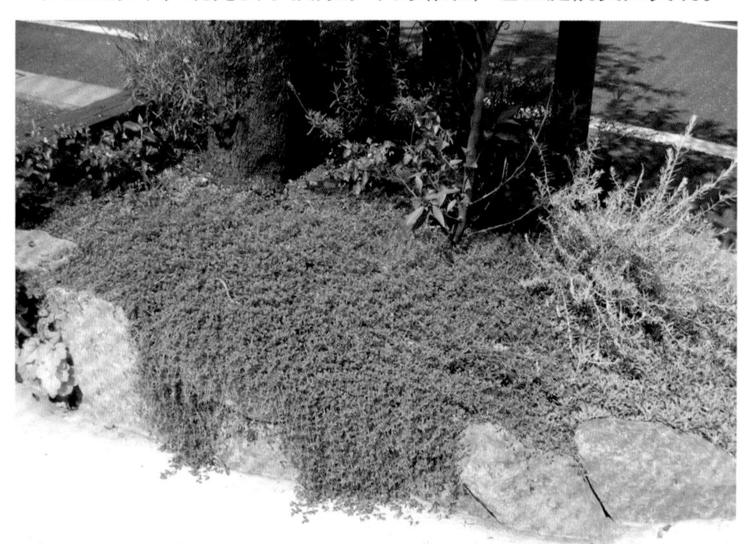
绿色地被植物为百里香，右侧为细叶鼠曲草。春季 4 月种下 4 盆苗草，7 月就能长成图中的样子。

细叶鼠曲草、翠云草、头花蓼、过江藤等植物。

用草花与地被植物装饰地面

创意 273 抑制杂草滋生的细叶鼠曲草

细叶鼠曲草（菊科）等植物不开花时可以赏叶，还能防止杂草滋生。

为庭院增添色彩的植物

创意 274 四季开花的大花月季

左图中正在盛开的是大花月季'爱'，为四季开花品种，香气宜人，不仅给庭院带来了赏心悦目的景致，迷人的花香还增添了一丝浪漫氛围。

大花品种
开大型花的品种。

中庭
四周被建筑物、围墙等围住的小庭院。

➔ 厚叶石斑木十分适合日式中庭。

创意 275 厚叶石斑木在半日照环境中也能茁壮生长

开粉色花的厚叶石斑木，花期过后会结出可爱的黑色果实。即使在日照较少的中庭，或落叶树的下方也能健康生长。不易滋生害虫，非常容易养活。

创意276 欣赏紫薇的新品种

紫薇是一种非常受欢迎的庭院树木，最近来出现了‘乡间之红’‘大虹’等许多新品种。上图中为‘大虹’。

创意280 将垂枝槐作为主角

垂枝槐为落叶树，春季绽放黄色的花朵，优美至极。下垂的枝条令其姿态更显动人，花朵也呈现出豆科植物独有的下垂模样。占地稍大，适合用作庭院的主角。

创意277 花期较长的欧石南

最近很有人气的欧石南。不易滋生害虫且花期较长，可以长时间赏花。

创意278 在低处种植栒子

常绿植物栒子在初秋会结出红色果实，红叶优美，树枝低垂，极为适合岩石花园。

创意279 繁茂的多干型四照花

种植四照花时，如果能选择多干型植株，会让空间看起来更加热闹。不过单干型树木也有其独特的优点。

专业地进行栽种和移栽

创意281 选择根团打包严实的植物

根部生长良好的植物能够开出更繁茂的花朵，因此选择根部土球打包严实的植物非常重要。土球打包用到的稻草、麻袋、绳子等无须拆解，可直接栽种到土中。较快的情况下，2个月左右就会自然腐烂分解。解开后再种植反而会伤到根部，使树容易被风刮倒。

↑ 大树的移植工作需用到吊车。

← 栽种穴挖掘过程。

带土球打包

为了使挖掘出的根系上的土壤不掉落，用稻草、绳子或麻布等将根系打包，以保护根系。

包裹树干

为防止树木在移植过程中变得衰弱，用稻草或缠树带包裹树干。

创意282 根团打包严实有利于植株成活

在移栽树木的时候，将根系带土严实打包后再种植，能减少根系损伤，对植株成活至关重要。

创意 283 粗壮的大树交由专业人士移栽

移植粗壮的大树时，交给专业人士处理更好。如果不能在最适宜的季节进行移植，需要用缠树带和圆木制成苗木支撑架，以防被风刮倒。

接穗蜡封
嫁接树木时，为了防止嫁接处干燥或潮湿而涂抹黏着性物质。

苗木支撑架
支撑在树侧面的支柱。

创意 284 较大的切口要涂抹保护物

砍掉粗枝之后，应以涂蜡等方式保护伤口。涂抹保护物可以防止害虫入侵，帮助伤口尽快恢复，同时还能减少不必要的水分蒸发。

砍掉粗枝后的状态。

切口涂上保护材料的样子。

创意 285 移栽时不要忘记包裹树干

移栽树木时为了保护树木，必须要包裹树干。可以使用缠树带进行包裹，非常方便。

创意 286 及时调整棕绳的位置

栽种一年过后，棕绳很有可能像左侧图中一样嵌入树干中。棕绳用于固定树木和支柱以防风，可以将棕绳移动到右图中的位置，以免导致树木枯死。

专业地进行栽种和移栽

创意 287 用棕绳缠绕包裹树干

对树木进行移植或修剪过后，用棕绳将树干包裹起来，可以保护树干，还能让树木看起来更加美观。在根部铺上石砾，干净整洁。

创意 288 早春修剪叶片能让竹子更优美

竹子应在早春进行剪叶，贴近地面将竹子修剪至同一高度，春季就会抽生优美的枝叶，景致十分宜人。寒冷时期为细竹剪枝叶十分重要。

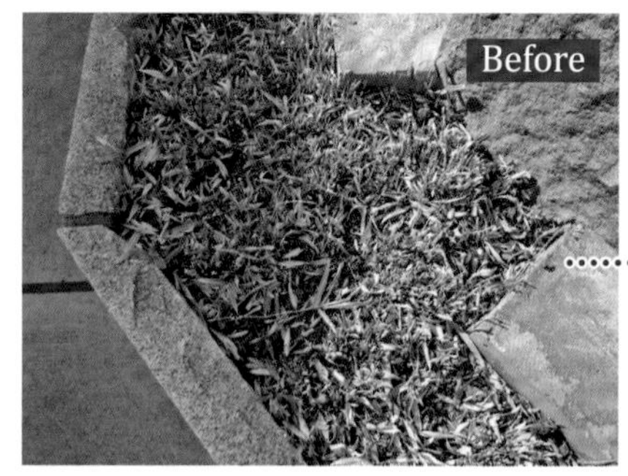

⬅ 早春剪叶之后。

⬆ 春季就能欣赏俊秀的竹子。

创意 289 选择适合的时间移栽

购入盆苗后如果放置不管的话，根系有可能会从盆底钻出。落叶树如果不在休眠期内移植，可能会导致树木枯死。因此，应选择适合的时期进行移栽。其次，起挖树木时应尽可能让根坨稍大一些。

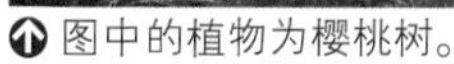

⬆ 图中的植物为樱桃树。

创意 290 紫藤树应带土球起苗

紫藤树移栽应该在2月进行，起苗时应沿着根系慢慢挖掘，注意不要碰断太多树根。

⬆ 完成定植。

⬅ 起苗中。

➡ 2 个月后植株开花，长出叶芽，说明移栽成功。

预防病虫害

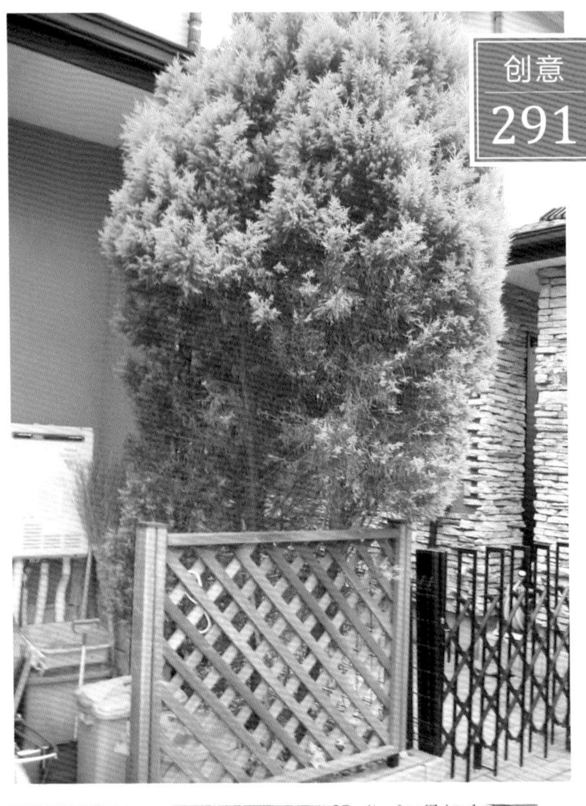

创意291 谨防金冠柏不透气

针叶树金冠柏近来十分受欢迎，但它亦有生长速度过快且怕闷湿的缺点。金冠柏不喜移栽，一旦树叶枯萎，即使缩剪之后也很难再恢复，因此不得不将其拔除。

创意292 尽早处理天牛虫害

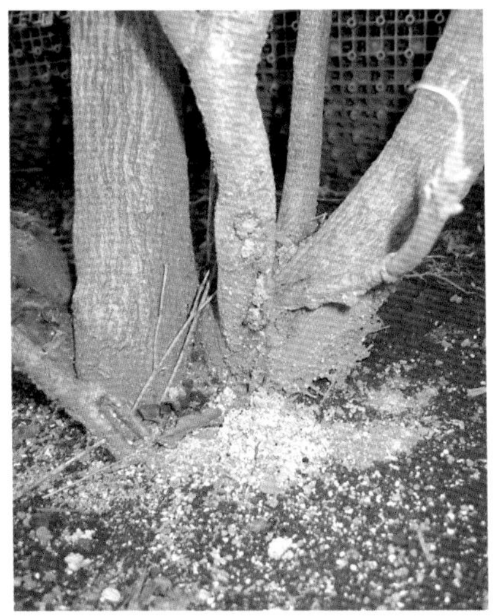

图中为天牛虫害。天牛的幼虫生长在树皮内侧，会伤害树木。仔细观察受天牛危害的树木根部附近，会发现许多锯末状木屑。注射杀虫剂之后，用厚胶带贴住。

※ 详情参照第 133 页。

创意293 喷洒药物效果更好

左图中为正在为绿篱喷药驱除害虫的场景。这种大规模的防治可以交给专业人员，使用专用器械能更有效率地喷洒药物。

创意294 珊瑚树以预防为首

珊瑚树受害虫危害的状态。要在虫害发生之前，预防性地喷洒杀虫剂。

创意295 防范红蜘蛛

红蜘蛛常见于杜鹃花、皋月杜鹃。必须用杀虫剂才能杀死红蜘蛛。

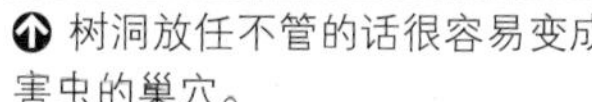

树洞放任不管的话很容易变成害虫的巢穴。

用混凝土将其密封起来。

被风吹倒的金合欢。

用木桩和绳子捆缚固定后的样子。

创意296 封住树洞以防变成害虫巢穴

有时树干受损腐烂后会出现空洞，有可能会变成蚂蚁和其他害虫的巢穴。在树木的休眠期，用药物喷洒处理树洞内部，并用混凝土将其密封。

创意297 外来树种需谨防风害

外来树种经常被风吹倒，比如贝利氏相思、莺歌刺槐、黄栌等，应仔细进行修剪，有些树种可以在花芽长出时将腹枝（树冠内部的树枝）剪除，以改善通风，防止树木倾倒。落叶树应该在落叶期修剪，常绿树除了非常炎热的时期全年都可以修剪。另外，可以使用木桩和竹子来牢牢固定树木。生长较快的树木需要每年确认一次绑绳的状态。

创意298 茶毒蛾的预防消毒非常重要

受茶毒蛾危害的树木。

茶毒蛾幼虫会导致树木枯死，常见于山茶、茶梅、红山紫茎等。每年会发生两次虫害（5—6 月、8—9 月），在发生前一定要做好预防消毒，在 4 月和 7 月喷洒杀虫剂。虫害严重时植株会枯萎。茶毒蛾接触皮肤会导致严重后果。

创意299 做好月季的病虫害预防工作

月季常发病虫害，在休眠期做好预防工作非常重要。在 2 月的月季休眠期，用喷壶给植株喷洒石灰与硫黄混合原液，可以预防春季许多害虫。

2 月休眠期做好防虫工作。

开花期才能绽放迷人花朵。

创意300 室外机前方不要种植植物

热水器的室外机前种植的植物，由于机器散出的热风而枯死。室外机如果可以改变位置会比较容易处理，但是在房屋建好以后一般轻易难以移动。即使在机器外面套上遮罩，依旧会有热风散出，因此可以在机旁种植低矮的植物。如果墙壁旁有花坛，一定要注意室外机的位置和高度。

改造前。

改造后。

庭院打造流程图解

⮉ 在狭小空间中打造的有流水的庭院。栽种的树木为日本扁柏、小叶青冈、全缘冬青、西洋常绿杜鹃、马醉木、斑叶青木。地被植物为吉祥草、圣诞玫瑰、阔叶山麦冬、一叶兰、紫金牛等。

- **景观石**
  摆放在庭院重要位置的大型石块。
- **造园**
  打造庭院。
- **鹅卵石**
  海岸或河床上的圆润石头，直径 2~3cm，可以用于堆砌或铺装。
- **役石**
  在日式茶室小院中，为了辅助茶会顺利进行而设置的石块。比如蹲坐时会用到的手烛石、汤桶石、前石、水汲石等。

改造详情

· 施工面积：约 50 平方米
· 施工时间：约 14 日
· 费用：约 12 万元（180 万日元）

庭院改造时尽量利用现有材料

在约 50 平方米的狭窄空间中进行庭院改造工程，由于重型机械无法进入，所以全部靠人力完成。大型石块和树木无法搬出，因此尽量重新利用原有的景观石和树木来打造庭院。

庭院改造流程

1 原本的庭院中有水池，整体十分杂乱。首先要对树木进行处理。现场无法使用任何器械。

2 开辟了一个施工用的入口以方便进出。

3 平整土地后安装栅栏，规划出庭院的大致形状。

4 在水池附近搭建挡土墙。

5 用鹅卵石铺装，造出水池形状。将原有的石头重新利用，改造成溪流的役石。

6 安装循环水泵，在水源处埋入水罐导出水流。

7 从室内看到的庭院改造后的样子。

8 配植地被植物后，庭院改造完成。

9 施工用的入口处，用铁梨木制作了一扇门。

避免让花坛土壤掩盖建筑物地基

🅾 施工前。花坛较深，低矮的花朵被挡住。

🅾 施工后。用铁梨将建筑地基与土壤隔开，让花坛更规整。其中栽种的树木为具柄冬青、加拿大唐棣，花草从左至右为木藜芦、香堇菜、迷迭香、百合等。

为了喜爱园艺的女主人，建造房屋时在拐角处设计了一个较深的红砖花坛。然而，当女主人在花坛中填入土壤之后，却发现难以欣赏植物，于是找到园艺公司进行咨询。设计师勘查现场后发现：如果让土壤直接接触建筑物地基，则水分会渗透到地板下方。此外，花坛中布有水管，很难更换客土。因此，园艺公司选用铁梨木在地基与土壤之间制作了一道隔断，并重新更换了土壤。此外还加设了可以打开的盖板，在上方摆放盆栽。

·客土
当土质较差时，更换成其他优良土壤。

1 施工前。建筑地基与土壤相接，花坛中布有水管，很难更换客土。

2 在建筑地基和土壤之间加入铁梨木隔断，并更换土壤。

3 加设可以打开的盖板，在上方摆放盆栽。

在月季休眠期施用冬肥

月季是一种非常喜欢肥料的花朵。施冬肥（休眠期施用的肥料）能让月季更旺盛地生长。冬肥应选择具有缓慢释放效果的有机肥料。另外，休眠期也要做好害虫防治。

●防范虫害

在2月月季休眠期，将石灰与硫黄混合原液用喷壶喷洒在植株下部，可以预防许多春季害虫。

冬肥的施用方法

1 2月休眠期，在根部附近挖深约40cm的土坑，填入牛粪。

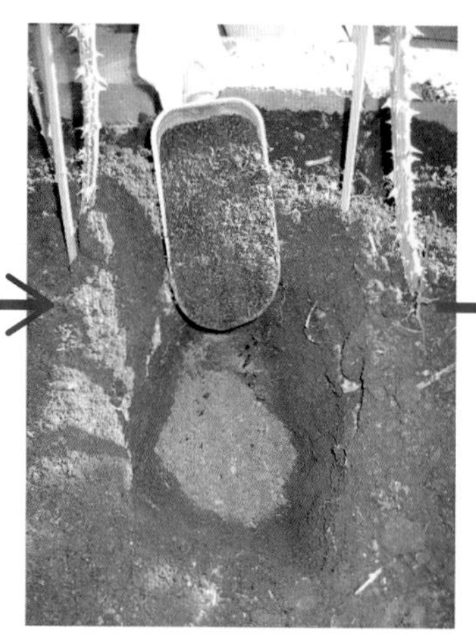

2 在上方放入堆肥。

3 再放上月季专用肥料。

4 最后放入烟灰肥，起到防虫的作用。一边浇水，一边将土壤回填。

立体的月季花墙

在建筑外墙上固定铜丝，将藤本月季的枝条牵引固定其上。

花朵盛开时，美不胜收。

沐浴在阳光下的藤本月季‘鸡尾酒’。

这是一栋欧式建筑，屋主一家非常喜爱月季，一直希望拥有一栋被月季环绕的房屋。因此，在面向马路的建筑外墙上打造了一面月季花墙，品种为四季开花的单瓣品种‘鸡尾酒’。比较常见的方式是利用格子状的栅栏或塔形花架打造花墙，但是本案例中则是在建筑外墙上凿入钉子，用铜线将钉子串联起来，固定住月季的枝蔓，令线条更加优美。藤蔓主枝上会生出许多侧枝，枝条上又会开出繁盛的花朵，覆盖住整个墙面，开花时美不胜收。铜线不会生锈，因此不必担心会污染外墙。

此外，窗户下方或铁艺栅栏上也同样可以牵引月季，如此便成功打造完一个月季环绕的房屋。

铜丝不仅可用于固定藤本月季的枝蔓，还能引导枝条的走向，令花墙的线条更优美。

让藤本月季在墙面绽放的方法

1 在建筑物外墙上用电钻钻出深约 3cm 的孔，应使用混凝土专用钻头。

2 在孔内插入塑料膨胀管。

3 在膨胀管内插入螺丝。

4 用电动螺丝刀固定螺丝，需留一小部分螺丝头在外面。

5 在留出的螺丝头上缠绕铜丝。

6 在铜丝各处用包塑铁丝固定月季的主枝。

7 将主枝如图中固定之后，月季会渐渐长出许多侧枝，而后生出花芽并开出许多花朵，花期时形成一面花墙。

外侧栅栏上也牵引着月季

⬆ 施工前，株型杂乱。下方的枝条过于杂乱，只有主枝前端可以开花。

⬆ 施工中。将主枝固定在栅栏上，强剪枝条过后会长出许多侧枝，并生出花芽。

⬇ 如这样开满花朵。

天牛的防治方法

1 白桦树遭受天牛侵蚀的状态。树根有木屑。

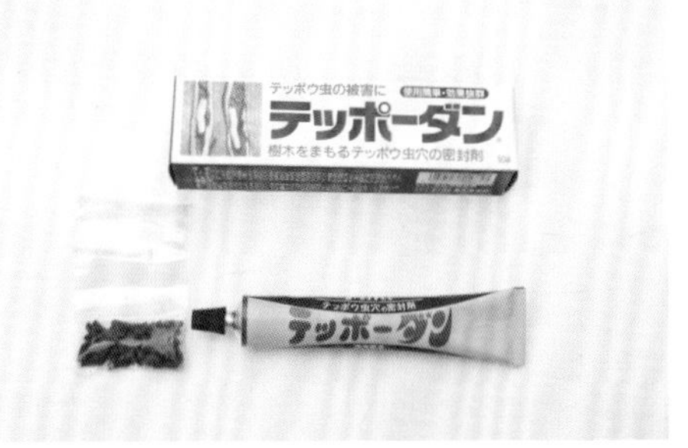

2 准备天牛幼虫防除药剂，以及手套、铁丝、镊子等物品。

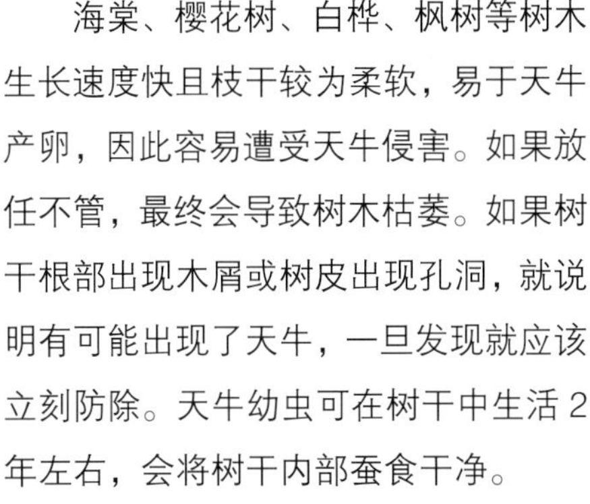

海棠、樱花树、白桦、枫树等树木生长速度快且枝干较为柔软，易于天牛产卵，因此容易遭受天牛侵害。如果放任不管，最终会导致树木枯萎。如果树干根部出现木屑或树皮出现孔洞，就说明有可能出现了天牛，一旦发现就应该立刻防除。天牛幼虫可在树干中生活 2 年左右，会将树干内部蚕食干净。

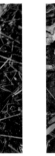

3 用铁丝将遭受虫害处的木屑和虫粪刮除干净。如果树干内有幼虫也要清除干净。

4 用镊子将 2~3 颗防除药放入洞中（依据症状适当调整用量）。

5 药剂放入后的状态。

6 在虫洞中挤入 2~3cm 长的防除药膏（依据虫穴大小适当调整用量）。

7 用胶布完全密封入口。同时在虫洞周围的伤口上涂天牛防除药膏，这样可以彻底预防天牛，让树木恢复健康。

8 为了防止雨水使胶布脱落，可以多缠绕几圈，确认危害彻底消失之后再将其揭下。

天牛幼虫的防治方法

1 准备杀螟松原液、喷壶、手套。

2 将杀螟松原液倒入喷壶。

3 在树木根部仔细喷洒杀螟松原液。每年在 5—6 月和 8—9 月各喷洒一次。另外，要尽量保持树根附近处于干净的状态。

用赤陶盆制作花桶式立水栓

将赤陶盆制成的立水栓上部改做花坛，底部设置供水管道，既美观又具有实用性。

After

Before

材料及工具

材料：赤陶盆（直径约40cm、高约60cm）、水龙头、赤玉土、培养土、苦土石灰、化肥、花苗。
工具：电钻、混凝土黏合剂、移植铲、手套。

花桶式立水栓的制作方法

1 准备一个高桶形的赤陶盆。

2 用电钻在下方开孔，需选用陶瓷专用钻头。先使用直径3.5mm钻头开一个较小的孔。

3 在同一位置用直径6.5mm的钻头将孔扩大。

4 在同一位置用更粗的13mm钻头继续扩大钻孔这样循序渐进赤陶盆才不会碎裂。

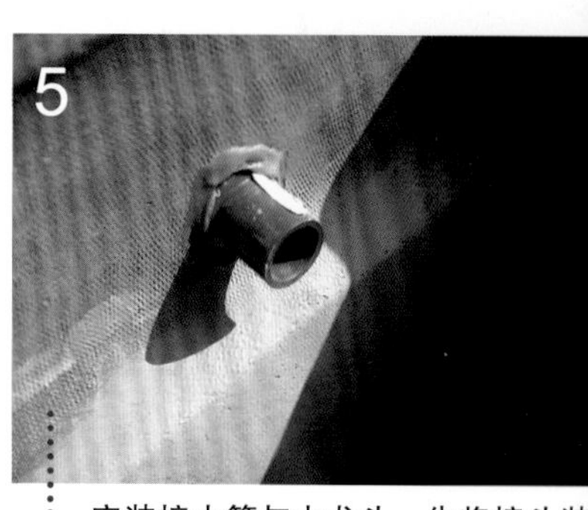
5 安装接水管与水龙头。先将接头装入孔中。

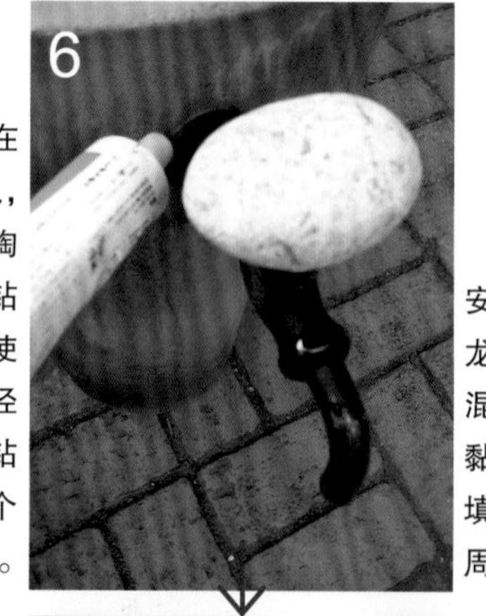
6 安装水龙头，用混凝土黏合剂填充四周空隙。

7 黏合好后的状态。确认水龙头牢固不摇晃。

8 花桶式立水栓完成，在其中填土即可栽种花苗。